电商直播轻松学系列

直播

拍摄与美化
从入门到精通

直播商学院 / 编著

化学工业出版社

·北京·

内容简介

本书主要介绍直播拍摄与美化的实战技巧，分为拍摄篇和美化篇两部分。

拍摄篇主要介绍直播间的相关设备、场景装饰和打光技巧以及主播必备的直播软件和拍摄录制技巧；美化篇先总结了提升直播间点击率的技巧，然后介绍了头像设置的技巧、打造个人形象的技巧以及打造人设的技巧等，帮助主播提高粉丝量，快速成为"网红大咖"。

本书图文并茂，逻辑架构清晰明了，技巧描写深入浅出，具有较强的实用性和针对性，适合直播商家、品牌企业、主播孵化机构、直播运营人员以及新主播阅读。

图书在版编目（CIP）数据

直播拍摄与美化从入门到精通/直播商学院编著. —北京：化学工业出版社，2021.7

（电商直播轻松学系列）

ISBN 978-7-122-38899-5

Ⅰ.①直… Ⅱ.①直… Ⅲ.①视频制作 Ⅳ.①TN948.4

中国版本图书馆CIP数据核字（2021）第063291号

责任编辑：刘　丹
责任校对：王　静
装帧设计：王晓宇

出版发行：化学工业出版社
　　　　　（北京市东城区青年湖南街13号　邮政编码100011）
印　　装：天津图文方嘉印刷有限公司
710mm×1000mm　1/16　印张15¼　字数263千字
2021年9月北京第1版第1次印刷

购书咨询：010-64518888
售后服务：010-64518899
网　　址：http://www.cip.com.cn
凡购买本书，如有缺损质量问题，本社销售中心负责调换。

定　　价：78.00元　　　　　　　　　　版权所有　违者必究

随着互联网的发展，网络直播兴起并开始普及，它利用互联网快速便捷、内容丰富、交互性强、不受空间限制等优势，加强了宣传推广的效果。网络直播的形式多种多样，如文字直播、图片直播、音频直播和视频直播等，相比其他信息传播方式，具有成本低、速度快的优点。

自2016年来，网络直播呈现爆发式增长，直播所涉及的领域越来越广泛，例如电商、教育、旅行、美食、影视、音乐以及游戏等，这表明直播行业的发展更加趋向于精细化与专业化，如何打造一个夺人眼球的直播间显得尤为重要。如果你想在这个风起云涌的互联网时代获得一席之地，就必须在直播前做好充分的准备，全面了解直播行业的最新状态，衡量好各方面的因素，积极做好直播规划，结合自身的实际情况，及时调整并不断改进，才能抢占先机，在众多同类型的主播中脱颖而出。

本书分为直播拍摄与美化两篇，共提炼了10章专题内容，摒弃纯理论讲解，在内容上以直观化形式讲解，并从多个直播平台中选出经典、新潮的案例做重点讲解，帮助读者用最短的时间快速掌握直播拍摄与美化的核心内容。

拍摄篇主要介绍了直播设备、场景装饰、摄影布光、直播软件以及直播拍摄等内容。目的是帮助读者从零开始打造一个吸睛的直播间，并快速掌握直播拍摄的相关技巧，为成为一个专业主播提供一条高效的成长路径。

美化篇主要介绍了封面设计、直播头像、主播名称、个人形象以及人设魅力等内容。目的是塑造良好的直播间氛围，迎合观众口味，消除观众疑虑，赢取观众信任，最大限度地增加直播间的粉丝量。

通过学习本书，读者可以轻松掌握直播拍摄与美化的相关知识和技能，能够整体把握直播风格，迎合观众的喜好，打造一个拥有独特风格的直播间，吸引更多用户点击，成为一名优秀的主播！

特别提醒：书中抖音、快手等直播软件的案例界面，包括账号、作品、粉丝量等相关数据，都是笔者写稿时的截图，若图书出版后软件有更新，请读者以实际情况为准，根据书中的思路举一反三来操作。

本书由直播商学院编著，对刘华敏、胡杨等人在编写过程中提供的帮助表示感谢。由于笔者水平有限，书中难免有疏漏之处，恳请广大读者批评、指正。

编著者

拍摄篇

第2章
场景装饰：
让直播间更加吸睛

015 ——

第3章
摄影布光：
直播间打光的技巧

043 ——

第 **4** 章
直播软件：
录制直播必会操作

060 ——————

第**5**章
**直播拍摄：
主播必备直播技能**

104

美化篇

第**6**章
封面设计：
提升封面图点击率

138 ————————

第 **7** 章

直播头像：
让主播的人气飙升

170

第 8 章
主播名称：
让主播更有记忆点

第 **9** 章

**个人形象：
让路人都纷纷转粉**

203

第 **10** 章

**人设魅力：
快速成为网红大咖**

214

拍摄篇

第1章

直播设备：
直播间的常用器材

俗话说："工欲善其事，必先利其器。"要想成为一名出色的主播，除了自身的才艺和特长外，还需要有各种硬件设备的支持。本章主要介绍直播间的常用器材，帮助新人主播们打造一个完美的直播间。

盘点最实用的直播设备

现在的直播五花八门、种类繁多，既能休闲娱乐也能直播带货，其门槛也比较低，符合平台的相关要求、注册账号后即可进行直播，于是很多人涌入直播这个行业。

那么，应该选择哪些设备进行直播呢？比较实用的有两种，分别是电脑（台式电脑或笔记本）和手机。这两种直播设备各有利弊，本节将为大家详细地进行讲解。

1.1.1 电脑性能稳定

从事专业直播的人一般来说都有一定的才艺技能、专业知识和经济能力，他们所采用的直播设备就是台式电脑或笔记本，而直播对于这类设备的配置要求都是比较高的，高性能的电脑与主播直播的体验是成正比的。

所以，接下来笔者就从电脑配件的各部分参数分析，来为那些想用电脑进行直播的新人主播推荐合适的电脑设备，以帮助大家提升直播的体验。

（1）CPU

CPU（中央处理器）的性能对电脑的程序处理速度来说至关重要，CPU的性能越高，电脑的运行速度也就越快，一般来说选择酷睿I5或I7的处理器比较好。

（2）内存

尽量选择容量大的内存条，因为运行内存的容量越大，电脑文件的运行速度也就越快。对于直播的需求来说，电脑内存容量的选择不能低于8GB。

（3）硬盘

现在市面上流行的硬盘有机械硬盘和固态硬盘。下面是这两种硬盘各自的优缺点，如图1-1所示。

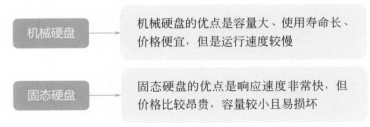

| 机械硬盘 | 机械硬盘的优点是容量大、使用寿命长、价格便宜，但是运行速度较慢 |

| 固态硬盘 | 固态硬盘的优点是响应速度非常快，但价格比较昂贵，容量较小且易损坏 |

图1-1 机械硬盘和固态硬盘的优缺点

随着科学技术的不断进步，现在固态硬盘的生产技术越来越先进、成熟，这也导致固态硬盘的销售价格不断降低，容量单位不断扩大。因此，购买者也就不用担心选购固态硬盘的成本预算问题了。

（4）显卡

体现电脑性能的又一个关键配件就是显卡。显卡配置参数的高低会影响电脑的图形处理能力，特别是在运行大型游戏以及专业的视频处理软件时，显卡的性能就显得尤为重要。电脑显卡对直播时的效果也会有一定的影响，所以要尽量选择高性能型号的显卡。

（5）显示器

显示器不宜太小，否则直播间的相关信息可能无法显示完整，而且小的显示器看起来比较费劲，看的时间长了会让眼睛产生疲劳感。因此，显示器选择19.5英寸至23英寸为佳，如果是笔记本，选择15英寸以上为佳（1英寸≈2.54厘米）。

介绍完电脑关键配置的性能后，接下来为大家推荐市场上主流的电脑品牌和热门的电脑型号。由于笔记本和台式电脑相比，具有体积小、携带方便的特点，所以在这里主要介绍热门笔记本电脑和品牌的排行榜，仅供参考如图1-2所示。

图1-2　热门笔记本电脑和品牌排行榜

1.1.2　手机内存充足

随着移动通信技术的不断进步，5G时代已经到来，手机的网速也越来越快，与电脑直播相比，手机直播的方式更加简单和方便，只需要一部手机，然后安装一款直播平台的APP软件，即可进行直播。

手机直播适用于那些把直播当作一种生活娱乐方式的人或者刚入直播行业的新人。虽说用手机进行直播，对手机的配置要求没有电脑那么复杂，但也是有一些基本的要求的，例如内存要大、摄像头像素要高并且性能要比较稳定等。

所以主播在选购手机时也需要好好斟酌。图1-3所示为热门手机和品牌的排行榜，仅供参考。

图1-3 热门手机和品牌排行榜

1.2

视频设备：录制高清的直播画面

随着互联网的发展，大量的网络主播凭借直播平台"一炮而红"，越来越多的人开始尝试网络直播，只要有设备就可以通过直播平台进行直播，各类主播之间也开始了流量竞争。对于直播，画面一定要十分清晰才能留住观众，这对录制的设备有着一定的配置要求。

1.2.1 摄像机能更清晰地直播画面

摄像机是一种可移动摄像设备，它可以用来取景、拍摄、处理和声像显示。目前市面上的摄像机基本都支持直播功能，选择一款专业的摄像机可以满足绝大多数人的直播需求，录制清晰的直播画面。

　　一台可以直播用的专业摄像机，具备专业视频输出接口，支持高清分辨率，自带网络编码功能、Wi-Fi或5G网络连接，能够在录制高清视频的同时进行储存，并实时传输高清视频给观众。图1-4所示为热门数码摄像机和品牌排行榜，仅供参考。

图1-4　热门数码摄像机和品牌排行榜

1.2.2　摄像头能提升主播的"颜值"

　　摄像头的功能参数直接决定了直播画面的清晰度，一款合适的摄像头可以让主播的上镜效果更佳，提升主播的"颜值"，如果选择的摄像头不太合适，则会影响直播效果和观众的观看体验。图1-5所示为热门摄像头和品牌排行榜，仅供参考。

　　大家在选择摄像头时，可以从以下两个方面进行考虑。

（1）摄像头的功能参数

　　摄像头的功能参数越高，其所输出的视频分辨率也就越高，呈现的视频画质也就越清晰。

（2）摄像头的价格

　　对于大多数普通人来说，购买任何东西都是要有预算的，这时产品的性价比显得尤为重要，因为谁都想花更少的钱体验更好的产品。

图1-5 热门摄像头和品牌排行榜

1.3

灯光设备：打造直播间的环境氛围

在室内或者专业摄影棚内进行直播时，通常需要保证光感清晰、环境敞亮以及可视物品整洁，因此需要有明亮的灯光和干净的背景。光线是获得清晰视频画面的有力保障，不仅能够增强画面氛围，还直接影响到主播的外在形象。要想打造一个美观的直播环境，需要好好利用直播间的灯光设备。

1.3.1 备好灯箱让直播更加专业

摄影灯箱能够带来充足且自然的光线，具体打光方式以实际拍摄环境为准，建议至少一个顶位、两个低位，这种打光方式适合各种音乐、舞蹈、课程和带货等类型的直播场景，如图1-6所示。

1.3.2 用环形灯进行补光与美颜

LED环形灯通常带有美颜、提亮等效果，光线质感柔和，同时可以随场景自由调整光线亮度和补光角度，拍出不同的光效，适合拍摄彩妆造型、美食试吃、人像视频等，如图1-7所示。

图 1-6　摄影灯箱　　　　　　　　　　　图 1-7　LED 环形灯

1.4

音频设备：以悦耳的声音吸引观众

很多人看直播主要是为了休闲放松一下，并没有特别想待的直播间，像一个游客一样浏览着各个直播间，除非是对直播间的内容或对主播感兴趣才会停留。主播除了可以用颜值吸引观众外，悦耳动听的声音也是吸引观众的重要因素之一。对于直播唱歌、配音等类型的主播来说，不仅需要拥有一副好嗓子，更需要拥有一套好的音频设备，将主播的好声音传输出去。本节为大家介绍直播必备的音频设备。

1.4.1 用麦克风采集主播的声音

麦克风主要用来采集主播的声音，也有人称之为"话筒"。选择一款质量好、高品质的麦克风可以提高音质，直播时的整体效果会更好。

例如，很多游戏类直播间的主播用的麦克风是那种耳机自带的，这类麦克风适合游戏主播使用，不适合其他类型的主播使用，因为耳机自带的麦克风收音效果并不是很好，采集到的音质也一般。

主播在选择麦克风的时候还是要以动圈麦克风和电容麦克风作为首选项，这两款麦克风用来录音、直播都是不错的选择。图1-8所示为动圈麦克风和电容麦克风的区别及各自的优缺点。

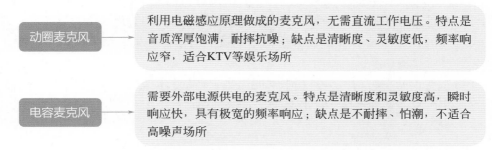

图1-8　动圈麦克风和电容麦克风的区别及各自的优缺点

根据图1-8所示，如果是在室内直播，选择清晰度和灵敏度更高、响应更快的电容麦克风为佳；如果是在室外直播，则选择耐摔、抗噪能力较好的动圈麦克风更为合适。图1-9所示为热门麦克风和麦克风品牌排行榜，仅供参考。

图1-9　热门麦克风和麦克风品牌排行榜

1.4.2　通过声卡让主播声音更优质

介绍完麦克风，下面为大家介绍声卡。无论你选择哪款麦克风进行直播，都需要配置一个声卡，一款合适的声卡可以让采集到的声音更优质。

我们在买台式电脑或者笔记本电脑的时候通常都会预装内置声卡，只要安装对应的声卡驱动就能正常运行。内置声卡价格较低，主要集成在主板上，用来看电影、听音乐的话还可以，但如果用来直播、录音的话，效果就有点差了。

大多数内置声卡的功能有限，并不能满足直播的需求，所以如果选择声卡的话，还是选择外置声卡更合适。外置声卡虽然价格比内置声卡贵，但品质好、功能齐全。外置声卡是通过USB接口来连接电脑的，如果是用手机进行直播，可以通过转换器在手机上使用。

价格在千元左右的声卡，基本都能满足主播的直播需求。图1-10所示为热门声卡和声卡品牌排行榜，仅供参考。

图 1-10　热门声卡和声卡品牌排行榜

1.4.3　利用支架固定和支撑麦克风

不管是电脑直播还是手机直播，主播都不可能长时间用手拿着麦克风，用手拿着麦克风进行直播，不仅会双手疲劳，还会使收音不稳定，影响采集到的音质和直播效果。所以，这时候就需要用一个实用又方便的支架来进行固定和支撑，这样能使主播解放双手，使其更加轻松愉快地进行直播。

直播常用的麦克风支架有如下3种。

（1）桌面三角支架

桌面三角支架顾名思义是摆放在桌面上的支架，如图1-11所示。桌面三角支架价格便宜，摆放稳固且耐用，可以上下调节高度固定收音角度，还可以自由安装防震架，即使户外直播也方便收纳携带。

（2）悬臂支架

悬臂支架是比较受欢迎的一款支架，许多主播都喜欢使用它。悬臂支架的承重力强，比桌面三角支架更加稳固耐用，并且角度多变，可以多方位调节高低、远近，也不会占据桌面空间，比较好调整，适用于电容麦克风，如图1-12所示。

图1-11　桌面三角支架

图1-12　悬臂支架

（3）落地支架

落地支架用途广泛，适合各种唱歌、会议、演讲以及服装带货等直播，室内、户外直播皆可使用，且可以根据需要调节支架高度，部件可以拆装折叠，不占地方，方便携带，如图1-13所示。

图1-13　落地支架

1.4.4 用好防喷罩能有效避免喷音

很多主播为了形象，不喜欢使用防喷罩，其实防喷罩也是直播时的一个重要设备。它主要用来保护麦克风，防止讲话时口水溅射到麦克风的音头上，使麦克风受潮，同时还可以防止气流对音头振膜的冲击，减少爆破音的产生。图1-14所示为几款防喷罩的外形图，一般防喷罩都是双层网膜设计，可以有效避免喷音。

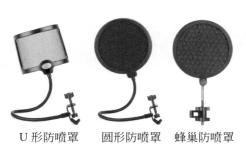

　　U形防喷罩　　　圆形防喷罩　　　蜂巢防喷罩

图1-14　防喷罩外形图

1.4.5 利用耳机监听主播自己的声音

在直播时，耳机必不可少，不论是直播唱歌时听伴奏，还是和对手连麦都能用得上，最常用的是利用耳机监听主播自己的声音，随时关注自己的直播效果，以便对直播内容进行及时优化和调整。

主播在监听自己的声音时，可以选择品质较高、用途较广的监听耳机。监听耳机能有效地隔离外部杂音，听到最接近真实的、没有加过音色渲染的音质，还原度高，保真性较好，且坚固耐用，容易维修和保养。

至于监听耳机的选购，大家可以到常用购物平台通过搜索关键字的方法，选择一款自己喜欢的产品购买即可。

1.5

稳定设备：让直播拍摄画面更平稳

用手机进行直播时，需要拍摄到的画面稳定，如果直播时的画面一直在晃动，画面会不清晰，影响播放质量，使观众产生眩晕的视觉感受。因此主播在直播时一定要保证手机拍摄到的画面是平稳的。为了避免直播时画面晃动，主播可以借助拍摄工具来保持手机的稳定性，本节为大家具体介绍几款可以让手机稳定拍摄的工具。

1.5.1 手持云台可以满足移动拍摄的需求

手持云台的主要功能是稳定拍摄设备，防止画面抖动造成的模糊，满足主播进行户外直播时移动拍摄的需求，如图1-15所示。

稳固手机，就是指将手机固定或者让手机处于一个十分平稳的状态。手机稳定，能够在很大程度上决定直播画面的稳定性，如果手机不稳，就会导致直播时的画面也跟着摇晃，从而使画面变得十分模糊。如果手机被固定好，那么在直播的过程中就会十分平稳，拍摄出来的视频画面也会非常清晰。

图1-15 手持云台

手持云台就是将云台的自动稳定系统的技术转移到手机拍摄上来，它能自动根据主播的运动方向或拍摄角度来调整手机镜头的方向，使手机一直保持在一个平稳的状态。无论主播在直播期间如何运动，手持云台都能保证直播拍摄的稳定。

手持云台一般来说重量较轻，女生也能轻松驾驭，而且还具有自动追踪和蓝牙功能，能够实现即拍即传。部分手持云台还具有自动变焦和视频滤镜切换等功能，对于直播拍摄来说，是一个很棒的选择。

1.5.2 三脚架保证画面的稳定

三脚架因三条"腿"而得名，是直播时用于稳定拍摄器材，给拍摄器材作支撑的辅助设备。很多接触到直播拍摄的人都知道三脚架，但是很多人却并没有意识到三脚架的强大功能。

三脚架的最大优势就是稳定性，用手机直播时，三脚架能很好地保持手机的稳定，从而取得很好的直播效果。

在用手机直播的过程中，除非特殊需要，一般都不希望视频画面有所晃动。所以，主播如果想要保证直播画面的稳定，首先得保证手机的稳定，而手机三脚架就能够很好地保证手机直播时的稳定性，如图1-16所示。

图1-16 手机三脚架

1.5.3 手机支架能够保证手机的稳定性

手机支架顾名思义就是支撑手机的支架。一般来说，手机支架都可以将其固定在某一个地方，解放主播双手，从而保证手机的稳定，所以手机支架也能帮助主播在用手机直播拍摄时，保证手机的稳定性。

手机支架在价格上相对手持云台来说，就要低很多，一般十几块钱或是几十块钱就能买一个较好的手机支架。对于想买直播拍摄稳定器，但是又担心价格太贵的主播来说，手机支架是一个很好的选择。

现在市面上的手机支架种类很多，款式也各不相同，但大都是由夹口、内杆和底座组成，能够夹在桌子、床头等位置。图1-17所示为两款常见的手机支架款式。

图1-17 手机支架

第2章

场景装饰：
让直播间更加吸睛

打造一个吸睛的直播间，对主播来说非常重要。如今，直播行业越来越火热，有美妆直播、服装直播、游戏直播以及美食直播等多种不同类型，如何才能吸引人来自己的直播间呢？本章主要向大家介绍如何布置、装修一个与众不同的直播间。

布置风格：打造最吸睛的直播间

打造一个吸睛的直播间，首先需要定位直播间的风格，定好风格才好着手去布置。布置成什么风格需要看主播喜欢什么风格，如美式风格、中式风格、欧式风格、混搭风格、清新绿植风格、可爱少女风格以及黑白简约风格等；直播间的风格还可以根据主播的人物设定（人设）、直播的主题以及直播的类型来布置。

例如，主播是一位元气满满的美少女，就可以将直播间布置成以HelloKitty为主题的可爱风格，如图2-1所示。

图2-1　可爱风格的直播间

再如，主播是一位性格果断直爽的男生，就可以将直播间布置成欧式简约风格，如图2-2所示。

图2-2　欧式简约风格的直播间

当然，布置直播间的关键还在于细节，包括直播间选址、空间规划、装修陈列、房间布局以及背景搭建等，正所谓"细节决定成败"，只有布置得体、整洁才能打造出一个高质量的直播间。

2.1.1　直播间的选址方案

直播间选址是布置直播间前的一个重要的步骤，选择一间合适的直播间，能让主播避免很多突如其来的麻烦。直播用的房间，可以选择在客厅、卧室、厨房以及书房等，甚至可以专门整理出一个房间作为直播用的工作室，主要看主播直播的内容是什么。

例如，主播的直播内容是美食制作，就可以将厨房作为直播的地方，至于厨房的风格，主播可以根据自己的喜好来进行布置如图2-3所示。

若主播直播的内容是亲子互动和育儿知识，可以在儿童卧室的一个角落进行直播，最好是在窗户附近，这样阳光可以照射进来，还可以在角落摆放一些宝宝的玩具，如图2-4所示。

图2-3 将厨房作为直播间　　　　图2-4 在儿童卧室进行直播

如果主播直播的内容是服饰搭配或商品带货，那就可以专门整理出来一个房间作为直播用的工作室，将直播时要用到的配饰、包包等，一一陈列摆放在这个工作室中，如图2-5所示。

图2-5 专门整理出一个房间作为直播工作室

总之，直播间选址要记住如下两个要点。

（1）光线要好，最好有自然光线

直播间一定要亮堂，不能没有光线，否则拍摄到的画面昏暗、不清晰。房

间要有自然光线照进来，现在很多直播间都是一个封闭状态，即使有窗也会用窗帘将窗户遮挡起来，不让窗外的光线透进来，直播时的光线全靠人造光，主要通过各种灯光设备来布光，如图2-6所示。

但万一出现停电等意外情况，会影响直播效果，容易流失粉丝，引起恐慌。因此，若想光线运用得当，可以尝试让直播间有自然光透进来，这会是一个明显的加分项。

图2-6　封闭状态下的直播间

（2）远离噪声，选一个比较安静的地方

不管主播直播的内容是什么，在直播时观众都不会愿意听到噪声。一旦直播间出现汽车鸣笛声、喇叭声等乱七八糟的噪声，观众的注意力会被分散，会因噪声产生不满，甚至退出观看，这样的话直播便会被打断。所以，主播在选择直播间的地址时，要选择一个比较安静的地方，远离喧闹的街道、学校、菜市场、建筑工地以及广场等。

2.1.2　直播间的空间规划

直播间的大小可以根据直播类型和内容来进行规划，像美妆直播的活动空间只需要能摆放一张放化妆品的桌子和一把椅子即可，并且大多数时候镜头是集中在主播上半身、脸以及手上的，如图2-7所示。如果是游戏直播，那主播所占空间就更小了，因为直播内容主要集中在游戏屏幕上，如图2-8所示。

直播的类型有服装类、唱跳类、美食类、教学类以及手工类等多种，其直播间的空间大致可以分为3个区域，分别是直播区、陈列区以及其他活动区。在装修直播间时，要对直播间的空间进行综合考虑，可以根据直播类型和需求来划分这3个区域。

图2-7　美妆类直播间

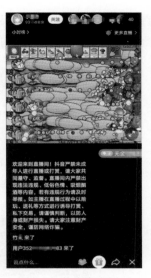
图2-8　游戏类直播间

（1）直播区

直播区是指主播进行直播，出现在观众手机屏幕里面的区域，通常离镜头很近，且在镜头画面的中间位置，如图2-9所示。

图2-9　主播所在区域为直播区

（2）陈列区

陈列区是指商品货物、珠宝配饰以及盆栽玩偶等物品摆放的区域。例如，主播在直播间推荐服装、化妆品、鞋子以及包包等商品时，可以在主播的身后、身体两侧或侧后方摆放要推荐购买的商品，如图2-10所示。

图 2-10　商品陈列区域

有的直播间场地较大，为了使直播间看上去不显得过于空旷，可以摆一些小物品适当地丰富直播间，如在镜头画面内摆放一些绿植盆栽、沙发、落地灯架以及玩偶等物品，对直播间进行装饰点缀，如图2-11所示。

图 2-11　对直播间进行装饰点缀

　　图2-11左图在房间内布置了一个物件台，上面叠放了几幅画和一束花，为直播间增加了亮点，即使主播离开了镜头，画面也不会显得苍白、空旷；图2-11右图的直播间可以看得出来空间很充足，主播在直播区的后面摆放了沙发、小茶几，在茶几上摆了花，在沙发上放了一个玩偶，还在墙上挂了几幅画，使画面看上去既有空间感又有层次感。

　　如果是在节假日或促销日，主播还可以在直播间适当布置一些跟节日相关或者跟促销商品相关的东西，例如宣传条幅、挂件等，或者在屏幕上方放上预销商品、活动抽奖等宣传文案，如图2-12所示。

　　在直播镜头画面中，除直播区外的所有画面区域都可以当成陈列区来使用。需要注意的是"过满则亏"，最好不要把屏幕布置得太满，还是要留出来一些空的画面。否则观众看着满满当当的屏幕，不仅眼花缭乱，还

图2-12　在屏幕上方
显示宣传文案

容易产生压抑感，所以主播在进行直播间空间规划时，要将此因素也考虑进去。

（3）其他活动区

　　其他活动区是指镜头之外的区域，这个区域在直播的时候基本上是不会被拍摄进去的。虽然观众看不到这个区域内的东西，但主播在进行空间规划时也需要按照自己的实际情况考虑这块区域的布置。

　　很多主播都有自己的团队，当主播在镜头前面进行直播时，其他工作人员则在镜头后面辅助主播。工作人员肯定需要走动和休息，这样的话至少要保证这块活动区域干净整洁，连接的电源线路要规划好，避免现场人员走动的时候被绊倒和扯到电源线等；还要为工作人员规划一个暂时休息区，在主播不需要他们配合的时候，他们可以坐在旁边暂时休息。

　　镜头内的空间毕竟有限，有的商品在镜头范围内放置不下，需要放在镜头外的其他活动区，这一区域需要跟工作人员走动和休息的地方有一个明显的划分，避免商品被撞倒；放置的商品要摆放整齐，不能太过凌乱，否则在主播需要用某商品进行直播展示时，工作人员不能及时找出来拿给主播。

　　如果是服装类的主播，是需要将服装穿在自己身上给观众看上身效果的，但是在镜头前面又不方便直接换，此时主播需要离开镜头去换服装，如果离开时间太长，容易引起观众的不满。所以，主播需要快速更换服装，那么在离镜头画面最近的位置至少需要摆放两张椅子，一张用于放置换下来的服装，另一

张可以方便主播坐下来换鞋袜、换裤子或者当扶手用。

2.1.3　直播间的装修陈列

直播间的陈列布置不能太乱，杂乱的直播间只会影响观众的观看体验。如图2-13所示，地面陈列的商品杂乱无章，一眼看过去，完全找不到一个目光着落点。

图2-13　杂乱的直播间

所以直播间在装修陈列时，要布置得简洁大方，在屏幕上显示出来的画面看着要不拥挤、不杂乱，才能吸引观众的目光，将观众留在直播间。

直播间的陈列可以分为两大类，分别是货架陈列和单品陈列。

（1）货架陈列

所谓货架陈列，顾名思义是指用来放置货品的陈列架、陈列柜、衣架以及衣柜等，不同类型的直播间可以进行不同的陈列布置。

以美妆类的直播间为例，很多美妆主播大都是将商品直接摆放在身前的桌面上，如图2-14所示。

这样的摆放陈列并没有太大的亮点，其实美妆类的直播间也可以有货架陈列柜。如图2-15所示，该主播就是将自己的口红按品牌分类摆放在陈列柜上，非常整齐。

像包包类的直播间也可以布置陈列柜，将包包整齐摆列，使画面更加美观，还可以把每款包包的商标露出来，这样方便观众看包，如图2-16所示。

图2-14 直接将商品摆放在桌面上	图2-15 将口红分类摆放在陈列柜上

还有玩偶类的直播间同样可以在直播间布置陈列柜，每一格柜口都可以放置一个玩偶，这样看上去既美观又整齐，如图2-17所示。

图2-16 包包类直播间陈列柜	图2-17 玩偶类直播间陈列柜

如果是服装类的直播间，则可以放置衣架或衣柜，注意不能乱七八糟地摆放。如果衣架或衣柜不能做到整齐摆放，就不要摆放在直播画面的区域，否则会引起观众反感。切记不能将衣服堆放在衣架上或在换装过程中将衣服随意甩

在地上，直播间要保持干净整洁，如图2-18所示。

图2-18　干净整洁陈列的服装类直播间

（2）单品陈列

一个直播间虽然不大，但也能从中看出主播的品位和爱好。直播间的风格需要通过一些不同样式的装饰单品来体现，但很多人根据自己的心意买回来一些装饰单品，在实际的陈列布置中却慌了手脚。下面为大家详细讲解直播间装饰单品的陈列方法。

① 选购装饰单品。在选购直播间的装饰单品时，主播可以根据自己的直播类型和人设来定直播间的整体调性，然后根据设定的风格去选择自己喜欢的装饰单品。明确装饰单品的选购思路，才不至于挑花眼。

在设定风格时，主播可以先为自己的直播间设计3个色调：主色调可以选择淡一点的颜色，因为直播间的光线充足，浓烈的色彩可能会影响拍摄效果；另外两个色调可以选择与主色调相辅相成的颜色，这样在购买装饰单品时，可以根据设计的色调来进行选择。

② 筛选多余单品。虽然在选购装饰单品时已进行了多方位的考虑，但在实际布置时，仍会出现布置不协调的情况。此时，主播需要确定直播间的场地大小，以及镜头内能拍摄到的区域大小，根据拍摄区域的占地面积和空间，筛选出那些喜欢却不适合入镜的单品。

③ 布置陈列空间。在布置装饰单品前，主播需要挑选一个比较亮眼的地

方，最好是在窗户边上，如图2-19所示。

在图2-19中，主播将沙发、矮茶几、地毯、绿植以及小摆件都布置在窗户与另一面墙衔接的对角位置处，将镜头对准墙角，使画面具有空间感；墙面的小摆件和地面的沙发形成了一个高低对比，体现了画面中的层次感，并且墙面的粉色和沙发的黑褐色也很好地融合在一起。装饰单品虽然多，但整体画面中有大量的留白，所以并不显拥挤，矮茶几上和角落里的绿植更是为直播间增添了一些生机。

图2-19 选择一个亮眼的地方进行布置

直播间的场地通常都不大，所以主播在摆放物品时，可以只摆放一个大的物件，例如沙发，如果空间不够大，可以只放一个单人沙发，或者只入镜沙发的一半，如图2-20所示。

图2-20 直播间沙发陈列布置

盆栽可以直接摆放在地上，靠近沙发的位置，矮茶几上可以放一些小的物品、花瓶以及糖果，可以在画面中体现高低层次。

专家
提醒

在进行直播拍摄时，镜头最好不要直直地对准墙面，而是像图2-19中那样找一个斜角进行拍摄。否则会减少画面的空间感，显得没有层次，让观众在视觉上产生紧迫感。

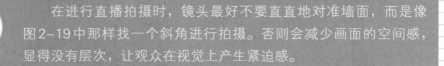

2.1.4　直播间的房间布局

观众进入直播间，除了会被主播的才艺、颜值以及推荐的商品等所吸引外，通常还会被直播间的房间布局所吸引。

直播间的房间布局其实就是场景的搭建，针对目标进行构建，通过细节处理来搭建，主播不需要用语言向观众讲述，观众也能通过直播间的布局接收到主播想要传递的信息。

就拿直播带货来说，如果主播推荐给观众的产品，在直播间中的陈列架上经常能够看到，那就会给观众传达一个信息——"我推荐的产品，我自己都在用"。这很容易让观众产生信任感，再加上主播的亲身讲解，就很容易产生购买欲。

如果你是一个直播售卖品牌包包的主播，主要目的是向观众推荐一些昂贵的品牌包包，并引导观众购买，在进行直播间布局时，千万不要将包包摆得遍地都是。那会让观众觉得这些包包像地摊货一样，根本配不上昂贵的价格，主播即使说得再好观众也不会购买。

直播间的房间布局一定要符合主播自己的人设和直播内容。如果主播是古风类型的，房间布局可以以木制品为主，例如藤椅、实木沙发以及木制背景墙等，房间的灯光以暖色调为主，在房间内还可以添置一些古琴、古筝、丝帕、竹简、香炉、扇子、瓷器以及屏风等具有古风元素的物件，让观众在观看时可以切身体会，犹如置身于一个古香古色的场景之中，如图2-21所示。

图2-21 古风类型的直播间布局

专家提醒

　　一个吸睛的直播间一定要整洁干净、有格调。房间的布局主要包括灯光的布置、室内家具的布置、背景墙的布置、陈列架的布置、玩偶绿植的布置以及主播的穿着打扮等，需要主播精心搭配，才能营造出符合主播人设的直播场景。

2.1.5　直播间的背景搭建

　　直播间背景墙的搭建有很多种方案，可以用窗帘、墙纸以及虚拟背景图等搭建直播间背景，一面好看的背景墙可以给直播间加不少印象分，也能获得更多观众的关注，让观众"路转粉"。下面向大家介绍直播间背景墙最简单的4种搭建方案。

（1）方案一：用窗帘搭建

直播间的背景墙可以就地取材，如果选择直播的区域是在房间的窗户边上，可以直接将窗帘当成背景墙来使用。

窗帘一定要选可以落地的窗帘；窗帘不宜太花哨，否则容易转移观众的注意力；窗帘的颜色可以选择白色、褐色、深蓝色、淡蓝色以及墨绿色等不显眼的颜色，如图2-22所示。

图2-22　用窗帘搭建直播间背景墙

专家提醒

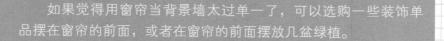

如果觉得用窗帘当背景墙太过单一了，可以选购一些装饰单品摆在窗帘的前面，或者在窗帘的前面摆放几盆绿植。

（2）方案二：用墙纸搭建

第二种搭建直播间背景墙的方法是用墙纸来搭建。墙纸可以在购物平台上选购，根据直播间的风格和场景布局进行搭配，好一点的墙纸还具有降噪、耐热的优点，而且墙纸价格不贵、装修简单，可以说是很划算的一种选择了。

　　图2-23所示为墙纸搭建的直播间背景墙，主播选用的墙纸是深灰色，这个颜色的背景墙不会很抢眼，反而能衬托主播身上的穿着，将观众的目光集中到主播的身上。即使右图中在背景墙的前面增加了一个陈列台和一个摆件，也并不会分散掉观众的注意力。

图2-23　用墙纸搭建直播间背景墙

　　除了可以选用纯色的墙纸外，主播还可以选用一些带有花纹的墙纸，使背景墙更加丰富，如图2-24所示。

图2-24　带花纹的墙纸

（3）方案三：用虚拟背景图搭建

　　直播间用虚拟背景图作为背景墙，可以增加直播间的空间感和高级感，如图2-25所示。

　　主播还可以把虚拟背景图当成直播间免费的广告位，如图2-26所示。主播在虚拟背景图中放上了亲密榜的奖品，观众若想拿到这些奖品，就需要关注主播成为主播的粉丝，并通过购买主播推荐的产品来增加与主播的亲密值，刺激观众产生购买欲。

图2-25　用虚拟背景图作为直播间的背景墙

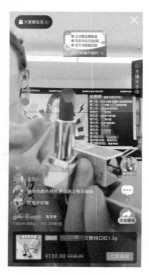

图2-26　用虚拟背景图作为
直播间的广告位

（4）方案四：用装饰品搭建

　　如果直播间的背景是一面白墙，最简单的一个布置方法是在白墙前面摆放一张沙发或一个衣架，这样可以稍微丰富一下直播间，如图2-27所示。需要注意的是，这里的衣架和沙发是作为装饰品摆放的，衣架上的衣服不能随意堆放，要摆放整齐，沙发上也不能放一些乱七八糟的东西，如果有放抱枕，也要将抱枕摆放整齐。

　　主播还可以在墙上挂一些墙面装饰，例如画框、立体画等，如图2-28所示。如果还是觉得太过单调、没有层次的话，可以在墙前摆放落地灯和绿植作为陪衬，如图2-29所示。

图 2-27　用衣架或沙发搭建直播间的背景墙

图 2-28　在墙上挂一些墙面装饰

图 2-29　在墙前摆放落地灯和绿植

　　主播还可以用陈列架、桌子、化妆台、花、椅子、玩具以及摆件等物件作为装饰品来搭建直播间的背景墙，如图 2-30 所示。

图2-30　用装饰品搭建直播间的背景墙

　　如果想要更加独特一点，主播可以在直播间的背景墙上放一些串灯，灯光不用太亮、太花哨，避免分散观众的注意力，如图2-31所示。串灯可以直接去购物平台搜索，选择一款合适自己直播间的串灯即可。

图2-31　用串灯装饰直播间的背景墙

2.1.6　直播间的装修预算

　　主播在进行直播间的装修之前，先要对直播间的各种配置做一个简单的预算，估算一下最基本的装修费用，自己能不能承受。需要主播进行预算的装修项目如图2-32所示。

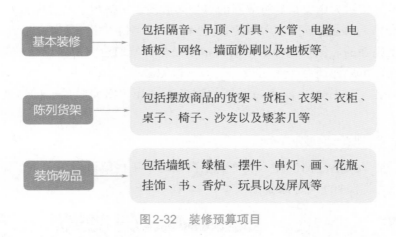

基本装修	→	包括隔音、吊顶、灯具、水管、电路、电插板、网络、墙面粉刷以及地板等
陈列货架	→	包括摆放商品的货架、货柜、衣架、衣柜、桌子、椅子、沙发以及矮茶几等
装饰物品	→	包括墙纸、绿植、摆件、串灯、画、花瓶、挂饰、书、香炉、玩具以及屏风等

图2-32　装修预算项目

2.2 装饰模版：最好贴合自己的风格

　　直播间的装饰最好是贴合主播自己本身的风格，而且要耐看、有格调，才能吸引观众的注意，获得更多的关注。本节向大家介绍直播间5种常用的、典型的装饰模板，为主播装修直播间提供一份参考，以选择适合自己风格的装饰。

2.2.1　直播间装饰模版1：窗帘

　　前文说过，窗帘可以用来搭建背景墙，它也是直播间常用的背景装饰之一，现在打开直播平台，随便进入一个直播间都有可能看到由窗帘搭建的背景墙。那么除了在窗户边上直播会用到窗帘，还有哪些情况下会让主播用窗帘作为背景装饰呢？

（1）空间大的情况下

　　有的主播是直接在比较大的房间进行直播的，这个时候就会用窗帘对房间进行空间隔断，开辟出一个可以用来进行直播的区域，而用来进行空间隔断的窗帘则可作为背景墙。

图2-33所示为用窗帘进行隔断的直播间截图，主播用了两层窗帘搭建背景，且两层窗帘的颜色不同，有着鲜明的色彩对比，外面的一层窗帘是深灰色的，被收到了画面的右侧，里面的一层窗帘是白色。从白色窗帘露出来的缝隙可以看到，在窗帘后面还有一个区域，且另一边的区域灯光的颜色与当前直播区域的灯光颜色不一样，当前直播区域的灯光为冷光，而窗帘后面的区域灯光为暖光。

（2）背景是一面墙的情况下

当直播背景是一面没什么装饰的空白墙时，主播就可以用窗帘当做背景装饰，可以为主播省下背景装饰的成本，如图2-34所示。

图2-33　在空间大的情况下　　　　　图2-34　用两块窗帘装饰背景
　　　　用窗帘进行隔断

图2-34中用了两块同色、同款的窗帘装饰背景墙，中间还留了一点空隙，使画面中不仅有颜色对比，还增加了画面的层次感。此外，主播也可以用一块窗帘来装饰背景，如图2-35所示。左右两张图中都只用了一块窗帘作为背景装饰，但都不是将整面墙遮住，而是仅入镜了约三分之一的画面，并对剩余的墙面进行了留白。在留出来的墙面上则可以进行二次装饰，例如贴幅壁画或挂个相框等，使其更具空间感。

图2-35　用一块窗帘装饰背景

（3）背景墙有洞的情况下

有的房间在进行装修设计时，会故意在墙面上留出来一些洞，有的比较小，有的比较大。如果是在平时，这面墙看上去不会有什么问题，且还会让人觉得墙面设计得十分别致、独特，但是在直播的时候就需要用窗帘遮挡一下了，避免观众的注意力被另一个房间中的事物吸引，忽略了主播正在直播的内容，如图2-36所示。

图2-36　背景墙有洞的情况下用窗帘遮挡

2.2.2 直播间装饰模版2：气球

直播间用气球来进行装饰，可以给观众不一样的视觉体验，让观众感受到直播间的浪漫和唯美。图2-37所示为主播用紫色的气球进行装饰后的镜头画面。

直播间进行装饰用的气球可以选择普通气球、爱心气球等，如果直播间的空间够大，可以在房间内布置一些气球拱门或者创意气球造型。主播还可以在自己生日当天做一些相关的促销活动，在直播间用气球进行装饰，烘托直播间的气氛，如图2-38所示。

图2-37　用气球装饰直播间　　　　　　图2-38　用气球烘托直播间的气氛

2.2.3 直播间装饰模版3：玩偶

在直播间摆放一个玩偶作为装饰，可以成为直播间的一个亮点。如果主播的风格是偏可爱型的，可以多放几个玩偶突出主播的个人形象，如图2-39所示。

需要注意的是，如果不是要推荐粉丝购买玩偶，直播间的玩偶还是不要放太多了，控制在3个以内即可，否则观众的注意力全在玩偶上，就有些喧宾夺主了。如图2-40所示，主播身后的陈列架上摆放的玩偶数量有点多，在主播直播的过程中，观众的注意力很容易被陈列架上的玩偶分散。

图2-39　用玩偶突出主播的个人形象　　　　图2-40　直播间玩偶

数量过多案例

2.2.4　直播间装饰模版4：背景布

　　背景布其实也是搭建直播间背景墙的一种方法，如果主播不想花钱去购买单品来装饰房间，或者不想再重新对房间进行装修的话，选择背景布作为直播间的背景装饰也是一个不错的选择。

　　图2-41所示为几款适合直播用的高清立体背景布。主播在进行直播时，以这些背景布作为直播间的背景装饰，调整好灯光和镜头拍摄角度，基本上看不出来主播的背景是假的。

图2-41

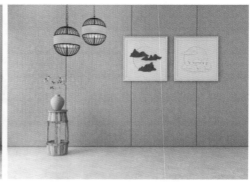

图2-41 适合直播用的高清立体背景布

这类背景布的安装方法有3种。

① 搭配背景支架：准备一个类似晾衣竿的背景支架，把背景布安装在背景支架上，既方便移动位置也方便更换，如图2-42所示。

② 用胶布贴墙上：准备好透明胶或者双面胶，把背景布贴在墙上牢牢固定，不过这样的话就不能移动位置了。

③ 用钉子钉墙上：准备好图钉或者铁钉，把背景布钉在墙上，便可以固定背景布的位置，不过这个方法容易损坏墙面，主播选择安装方式时需慎重考虑。

用高清立体背景布的优点是可以让直播间的背景看上去有格调、背景更丰富，缺点是这类背景布毕竟是假的，如果观众看出来了，可能会认为主播不够用心，对主播产生反感，不愿意购买主播推荐的商品。

除此之外，还有一种背景布可供主播选择——大尺寸的纯色挂布，其作用跟窗帘类似，如图2-43所示。

相信去过室内摄影棚的人对这种纯色挂布背景都不会陌生。用纯色挂布作为背景时，主播可以如图2-43一样，在挂布前面放置一把小椅子或者花瓶等物件，便能布置出一个简约大方的直播间。

图2-42 搭配背景支架

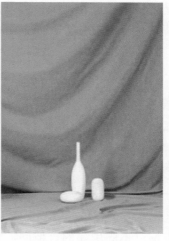

图2-43 用纯色挂布作为背景布装饰直播间

2.2.5 直播间装饰模版5：绿植

　　直播间的装饰一定不能错过绿植，在直播间放上一盆绿植，不仅可以作为装饰，还可以为直播间带来生机、净化空气，有一种简约生活的格调，给进入直播间的观众一种既清新又文艺的画面感，向观众传达主播热爱生活、热爱生命的态度，增加观众对主播的信任度，如图2-44所示。

图2-44 用绿植装饰直播间

如果是将绿植摆放在地上，可以选择一米高左右的绿植，例如富贵竹、发财树、红背竹芋、酒瓶兰等；如果是将绿植摆在桌面上，可以选择小一点的盆栽或者买一些花插入花瓶中，例如满天星、玫瑰花、仙人掌、文竹以及绿萝等。

2.3
装修方案：根据直播间用途来选择

不同类型、不同用途的直播间，它的装修风格是不一样的。在装修前，不仅需要根据主播的人设和喜好来进行设计，还要根据直播方向和内容、行业属性以及粉丝群体来进行设计，装修出独属于主播自己的直播间，这样才能吸引观众的目光，让观众"路转粉"。本节将分别介绍服装类、美食类以及美妆类直播间的装修方案。

2.3.1 服装类直播间的装修方案

对于服装类的主播来说，他们直播的目的主要是让观众购买自己代理的服装产品，所以服装类的直播间中，灯光光线一定要明亮、充足，这样才能让观众看清衣服的材质、品牌以及上身效果。

其次，主播在直播时通常会向观众介绍代理服装的品牌和材质，观众在看完主播的讲解后，可能需要一定的时间考虑是否购买。此时主播不要把衣服介绍完后就急着收起来，应该将介绍完的衣服放到衣架上挂起来，让还在考虑的观众仍旧可以看到。那么直播间就需要一定的空间来摆放衣架或者衣柜，所以直播间的场地要稍微大一些才不会显得拥挤。在进行装修设计时，可以好好考虑一下如何利用这个衣架，将其设计得既美观又实用。

综上所述，服装类直播间的装修风格可以往简约大方的方向去装修，即不会显得背景繁杂，还能突出服装的上身效果，提高观众的购买欲，如图2-45所示。

将衣服放到衣架上而不收走其实还有一个好处，很多观众都是随机进入直播间，当观众停留在直播间时，除了对主播当前讲解的服装有兴趣，对于挂在衣架上的衣服也可能会产生兴趣。所以主播挂在衣架上的衣服最好都有商品链接，可以在直播间直接点击购买。

图2-45　简约大方的服装类直播间

2.3.2　美食类直播间的装修方案

美食类直播间会出现在镜头内的人数和物品都不会很多，且主播的位置基本上是固定的，所以美食类直播间的场地不需要太大。但需要注意的是，美食需要近景镜头，所以直播区域内除了主播外，至少还能再容纳下一位摄影师。

另外，美食类直播间需要一定的氛围，所以灯光效果一定要处理好，如图2-46所示。

图2-46　氛围良好的美食类直播间

2.3.3 美妆类直播间的装修方案

美妆类直播间其实跟美食类直播间差不太多，基本上主播的位置是固定不变的，场地也不需要很大，装修风格可以往简洁方向进行设计。但在进行装修设计的时候，一定要设计一个可以摆放化妆品的陈列架或者陈列柜，否则东西摆放太多、太乱，容易让观众觉得产品档次太低。

另外，美妆类直播间的灯光效果一定要好，现在很多灯光工具都是自带美颜功能的，用对光可以为美妆类主播加分，可以让主播的上妆效果更好，所以在装修设计美妆类直播间时，一定要将灯光方面的因素考虑进去。

总而言之，直播间的装修风格既要符合自己的个人形象，也要符合自己的直播类型，装修出来的风格要新颖、有品位、有格调，才能让人眼前一亮。

第3章

摄影布光：
直播间打光的技巧

摄影是用光的艺术，直播也是如此。直播是通过摄像头将内容画面或自己的影像传递给屏幕前的观众的。那为什么有的主播看上去很明亮耀眼，而有的则暗淡无光呢？其原因之一就是灯光所造成的不同效果。所以，直播间灯光的设置至关重要。

3.1

光的来源：3种不同的光源类型

灯光的设置直接影响直播拍摄效果，甚至直接影响主播的外观形象，所以直播时要善于利用不同的光源进行拍摄，把握住最佳的影调，从而得到不同的画面效果。

3.1.1 自然光容易被观众所接受

自然光，是指大自然中的光线，如日光、月光等，这种光线随着时间的推移，光线的强弱和方向变化十分强，因此主播在户外进行直播拍摄时需要非常注意。不过对于这种自然的光线，观众还是比较容易接受的。

图3-1所示为某主播在户外直播时的画面，主播利用夕阳的光作为整个画面的光源来进行拍摄，给观众带来不一样的视觉感受，可以引起观众共鸣。

另外，在树林里直播时，由于树叶遮挡了大部分的阳光，这种光线下的直播画面会显得非常柔和、自然，也很容易被观众接受，如图3-2所示。

图3-1 利用夕阳的日光光源进行拍摄

图3-2 利用树叶遮挡后的阳光光线进行拍摄

图3-3 采用黄色的顶光光源拍摄

3.1.2 人造光的光影视觉冲击大

人造光主要是指各种灯光设备产生的光，如日光灯、吊灯、手机内置的闪光灯以及外置的LED补光灯等。主播在进行直播拍摄时，可以通过调整光源的大小、方向以及角度等，完成一些特殊的拍摄要求，增强画面的视觉冲击力。

使用手机直播时注意，在室内直播可以根据情境需要布置带有一定色调的光源。如图3-3所示为某婚礼彩排直播现场，采用黄色的顶光光源拍摄，可以让画面更有情调，得到更好的画面呈现效果。

3.1.3　直播时的现场光源更真实

现场光主要是利用直播现场中存在的各种光源的光，如壁灯、路灯、彩灯、车灯、窗外的折射光、建筑里的灯光以及烟花的光线等，这些光源可以更好地传递直播场景中的情调，而且真实感很强。如图3-4所示，在直播时利用台灯作为光源，画面具有复古怀旧的氛围，让人感觉非常真实。

图3-4　利用台灯的光源直播

3.2
光线特性：掌握14种直播用光技巧

对于手机直播来说，由于摄像头的限制，用户只有掌握正确的光影技巧，才能在手机直播时获得最佳的色彩和成像质量。下面向大家介绍14种光线的特性，帮助主播在利用光线进行直播时也能得心应手。

3.2.1　直射光可以产生强烈的立体感

直射光是指太阳直接照射下的光线，主要特征是非常明亮、强烈，会在物体表面形成强烈的反差效果，而且会产生较大的反光。如图3-5所示，飞机在直射光的照射下，明暗层次非常分明，表面色彩很清晰，立体感比较强。

图3-5 直射光照射下的飞机

　　直射光要谨慎使用，如果运用得当，直播时的画面感会很好；如果没用好，则会影响观众的视觉观感。因此，在直射光的光线下，主播可以先试录一段视频看看效果，效果好的话即可直接开始直播。

3.2.2 散射光能使画面平淡反差较小

　　散射光是指太阳光受到了云层、雾气、树木以及建筑等物体的遮挡，光线变成了散射状态，没有直接照射到物体表面，这种光线的主要特点是非常柔和，层次反差较小，色彩也偏灰暗，例如多云天、阴天、雨天以及雾天的光线都属于散射光。主播在户外进行直播时，如果碰上这种天气，可以好好利用一下散射光，减少直播拍摄画面的平淡反差。

　　图3-6所示为散射光下拍摄的画面，由于山中雾气较大，将太阳光线折射成了散射光，物体表面没有产生明显的反光和阴影，画面中的色彩也比较柔和。

图3-6 散射光下拍摄的画面

3.2.3 顺光可以拍出颜色亮丽的画面

顺光就是指照射在被摄物体正面的光线，其主要特点是受光非常均匀，画面比较通透，不会产生非常明显的阴影，而且色彩也非常亮丽。

图3-7所示为顺光照射下拍摄的画面，在顺光照射下，人物几乎没有任何阴影，整体的感觉非常明亮，而且色彩饱和度比较高。主播在直播时可以考虑多在顺光的环境下直播，直播拍摄出来的画面效果非常不错。

3.2.4 侧光可以展现层次感和立体感

侧光是指光源的照射方向与直播拍摄方向呈直角状态，因此被摄物体受光源照射的一面非常明亮，而另一面则比较昏暗，画面的明暗层次感非常强，直播拍摄出来的画面可以体现出一定的立体感和层次感。

图3-8所示为侧光照射下的画面，光线从画面左侧照射过来，人物脸部的受光面积非常大，人物皮肤上呈现明显的高光和阴影部分，画面反差适中，立体感和层次感非常强，不会显得很呆板。

图3-7 顺光照射下拍摄的画面

图3-8 侧光照射下的画面

在侧光中，还有一种比较特殊的形式叫前侧光，就是从被摄对象的前侧方照射过来的光线，其亮部面积大于暗部面积，可以让物体大部分处于光线照射下，不但可以使层次感加强，还能更好地突出主体。

3.2.5 逆光能够产生漂亮的剪影效果

逆光是指拍摄的方向与光源照射的方向刚好相反，也就是将手机镜头对着光拍摄，可以产生明显的剪影效果，展现出被摄对象的轮廓。

图3-9所示为逆光照射下拍摄到的画面，在逆光照射下，拍摄者使用手机对着明亮的窗户进行拍摄，可以得到明暗分明的人物剪影效果，层次感非常细腻。

如果光线是从被摄对象的后侧面照射过来，这种光线就称为侧逆光，同样可以体现被摄对象的轮廓。另外，侧逆光与前侧光的特征刚好相反，其受光面积要小于背光面积，表现力非常强。

图3-10所示为侧逆光照射下拍摄到的画面，利用侧逆光拍摄树木，画面中的主光源从右上角的大树背面照射下来，大树在地面形成了阴影，树木的阴影使其看上去更具形式感，画面中的明暗层次非常分明，画面中的明暗对比也非常强烈，增强了画面的活力和气氛。

图3-9　逆光照射下的直播画面

图3-10　侧逆光照射下的直播画面

3.2.6 顶光能够突出对象的顶部形态

顶光是指从被摄对象顶部垂直照射下来的光线，主体下方会留下比较明显的阴影，往往可以体现出立体感，同时可以体现出分明的上下层次关系。一般情况下，在室内直播时，光源都是在头顶。因此，在室内直播拍摄美食时，基本上使用的都是顶光。如图3-11所示，食物的表面看上去非常明亮，可以展现出丰富的画面细节。

但是，人物类直播用顶光会给人压抑的感觉，如果不是创意需求，直播人物时要尽可能少用顶光。

图3-11 顶光照射下的直播画面

3.2.7 底光能够强调高大以及冲击力

底光就是从被摄对象底部照射过来的光线，也可以称为脚光，通常为人造光源，在以人物为直播拍摄主体时常常会运用到这种光线。

在运用底光直播拍摄人物时，可以减少人物鼻子、脖子下面的阴影，使皮肤更加白皙动人，如图3-12所示。

3.2.8 伦勃朗光是拍摄人像用的特殊光

伦勃朗光是拍摄人像的一种特殊的用光技法。拍摄时，人物脸部大面积受光，被摄者鼻子的阴影和面颊的阴影几近相连，于眉骨下方形成一个明亮的倒三角形，画面层次丰富，明暗对比强烈，用光线塑造脸部的立体感，如图3-13所示。

图3-12 底光照射下拍摄的人物画面

运用伦勃朗光拍摄出来的画面，能让观众的视觉中心落到人物脸部被阴影包围住的那只眼睛上，让观众感觉被摄者眼神深邃、五官棱角分明。

3.2.9 分割光表现人物鲜明的个性或气质

分割光就是将光源以90度角垂直照射到

图3-13 伦勃朗光照射下的直播画面

图3-14 分割光照射下的画面

人物一半的脸上，使人物脸部一半明亮，一半留在阴影中，如图3-14所示。这种用光技法可以很好地将人物另一半的脸隐藏在黑暗中，让观众猜测不到人物另一半脸部的表情，即使另一半脸上有疤痕、瑕疵，观众也看不出来。分割光常用来表现人物鲜明的个性或气质，用黑与白来呈现强烈的明暗对比，使画面具有戏剧性，可以为主播营造一种神秘的氛围。

3.2.10 蝴蝶光能提升直播主播的脸部魅力

蝴蝶光又称为派拉蒙光，在早期的影视剧照中是拍摄女明星常用的用光技法。蝴蝶光的光源主要来自人物脸部的正前方，由上向下投射到人物的脸部，使人物鼻子下方的阴影呈蝴蝶形状，如图3-15所示。因此，在进行直播时，蝴蝶光适合拍摄主播的正面形象，提升主播的脸部魅力。

3.2.11 环形光适合拍摄常见的椭圆形面孔

环形光是最常见也是最常用的用光技法之一，在蝴蝶光的基础上向左或向右移动光源，使被摄者的鼻子下方产生一个向下的弧线形阴影，如图3-16所示。

图3-15 蝴蝶光照射下的画面

图3-16 环形光照射下的画面

如果主播的脸型是椭圆形，那主播在进行直播时可以使用环形光来提升拍摄效果，在环形光的照射下，可以使主播脸部的轮廓更加立体。

3.2.12 宽位光能让人物脸部看上去 比较饱满

很多主播在进行直播拍摄时，会不自觉地微微侧脸，于是镜头上显示的脸是一半宽、一半窄。所谓宽位光就是指将光照射在较宽的那一侧脸上，可以使人物脸部看上去比较饱满，如图3-17所示。

3.2.13 窄位光能让拍摄对象的颧骨变 好看

图3-17 宽位光照射下的画面

与宽位光相反，窄位光则是将光照射在主播侧头后显示较窄的那一侧脸上。光线照射在人物脸部能让拍摄对象的颧骨突出、好看，在较宽的那一侧脸上产生阴影，使人物看上去脸比较小，如图3-18所示。

3.2.14 无影光几乎可以消除主播脸上所有的阴影

无影光通常需要从多个角度进行打光，将光源均匀地照射在主播脸上，消除主播脸上的所有阴影。很多美妆类的主播在直播时为了让皮肤看上去白皙、通透，就会通过这种用光技法来辅助直播拍摄。

如图3-19所示，利用补光灯和反光板打造出无影光，光线均匀地照射在人物脸部，使人物脸部几乎无阴影，皮肤看上去白皙无瑕。

图3-18 窄位光照射下的画面

图3-19 无影光照射下的画面

3.3

直播布光：让主播变得光彩夺目

直播时如何布光尤为重要，灯光如何设置、如何摆放都是影响主播上镜效果的关键，不同的角度搭配不同的灯光，能够制造出不一样的直播环境。本节向大家介绍如何搭建直播间的灯光系统，让主播上镜时变得光彩夺目、明亮耀眼。

3.3.1　全场景直播布光的常见方案

一个专业的直播间灯光系统，在进行全场景直播时必备5个灯源，即一个顶光光源、一个主光光源、一个逆光光源以及两个侧光光源，这也是各个直播间比较常见的搭配方案，灯光光源布置如图3-20所示。下面为大家详细介绍全场景直播布光。

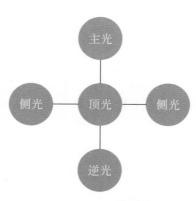

图3-20　灯光光源布置

（1）顶光

顶光在前文有过讲解，是指从被摄对象顶部垂直照射下来的光线。作为一个专业的直播人员，顶光灯自然不能随便用天花板上的吊灯来充数，需要用专业的LED补光灯来打造，从主播头顶上方打光，能够产生一定的瘦脸效果。

（2）主光

主光是映射主播外观的主要光线，因此，主光灯须放在主播的正面位置，且与摄像头镜头光轴的夹角不能超过15度。这样做能让照射的光线充足而均匀，使主播的脸部看起来很柔和，从而起到磨皮美白的美颜效果。但是这种灯光设置也略有不足之处，那就是没有阴影效果，会使画面看上去缺乏层次感。

（3）侧光

左右两侧的侧光是用于辅助主光的光线，可增加被摄者整体的立体感。可以根据拍摄需求调整侧光灯的照射角度。侧光灯位置摆放正确可以使主播的面部轮廓产生阴影，并产生强烈的色彩反差，有利于打造主播外观的立体质感。但需要注意的是灯光对比度的调节要适度，防止面部过度曝光或部分地方太暗的情况发生。

（4）逆光

逆光灯放置于主播身后的位置。逆光可以模糊背景，减弱背景的存在感，并勾勒出主播的轮廓，突出主播形象立体感。在使用轮廓光的时候必须要注意把握光线亮度的调节，因为光线亮度太大可能会导致主体部分过于黑暗，同时摄像头入光也会产生耀光的情况。

以上即为全场景直播时常见的布光方案，每个光源都有自己的特性，主播需要结合自身的需求和环境来调试灯光，以呈现给观众最好的镜头效果。

3.3.2 冷暖灯布光是比较经典布光配置

色彩有冷色系和暖色系，灯光也分冷光和暖光。图3-21所示为冷光和暖光照射下拍摄的画面。

冷光照射下拍摄的画面　　　　　　　暖光照射下拍摄的画面

图3-21　冷光和暖光照射下拍摄到的画面

直播间灯光冷暖布局也是非常值得注意的细节，冷光和暖光配合使用能够构造出不一样的氛围，给观众不一样的视觉感受，提升主播的个人风格。那么直播间冷光和暖光该如何布置呢？

（1）冷光为主，暖光为辅

以冷光作为主光，暖光作为辅助光。两组灯光结合呈现出来的整体效果偏冷。冷光作为主光照射在主播身上，主播在画面上呈现出来的肤色白皙、透亮；再用暖光作为辅助光进行补光，调整暖灯角度和灯光大小，使光源投射到主播的脸颊上，可以为主播的脸颊增添一抹红晕，显得不那么清冷、难以接近。

（2）暖光为主，冷光为辅

以暖光作为主光，冷光作为辅助光。两组灯光结合呈现出来的整体效果偏暖。暖光作为主光照射在主播身上，主播在画面上呈现出来的肤色红润、自然，使主播看上去整个人暖暖的，很有亲和力；再用冷光作为辅助光进行补光，调整冷光角度和灯光亮度，使画面更有层次感，配合直播间的环境，达到与主播形象和谐统一又别有风格的最佳效果。

3.3.3 单一光源可以作为主光光源来打光

在进行直播时，多个光源混合打光的情况是不可避免的，在这种条件下进行直播，呈现出来的画面有可能会出现一些不需要的偏色现象。而单一光源的色温统一、角度统一，大多时候只用一个灯作为主光光源，便可以突出人物的身形。

很多人在刚开始直播的时候，无论是直播间的环境还是设备都没有那么精良，对光线的要求也并没有多高，除了有自然光和房间天花板上的灯光外，基本上只有一个灯作为主光光源，即通过单一光源进行拍摄。

作为一个新人主播，设备条件苛刻些，也是能理解的，那么新人主播如何在有限的条件下利用好单一光源来进行直播呢？作为唯一可移动调整的光源，主播需要懂得将其物尽其用，根据现场的环境光和拍摄内容的需求，来调整这支光源的位置和照射的角度。只要主播熟悉了布光的方法，只用单一的光源，也能创造出属于自己的布光风格。

图3-22所示为单一光源照射下的画面，画面中虽然没有显示灯的位置，但我们可以从人物脸部的高光和身上的阴影进行反向推测，灯光从画面的左前方照射着拍摄对象，最大限度照亮了人物的脸部，使人物脸部的阴影较少，且五官清晰、立体。

图3-22　单一光源照射下的画面

3.3.4　双灯打光可以使打光效果变得柔和

　　前面向大家介绍了单一光源布光的相关内容，下面为大家介绍如何应用双灯打光进行打光。

　　双灯打光顾名思义是指通过两个灯作为灯源为拍摄对象打光，通常第1个亮度强一点的灯用来作主光灯源，第2个亮度弱一点的灯用来补光或消除画面阴影。为了避免镜头过曝，第2个补光灯的布光位置要摆放在镜头的后面，调整好角度，将灯光照射到第1个主光灯所产生的阴影位置，消除画面阴影。

　　图3-23所示为双灯打光下的画面，画面中左前方的光源为主光灯，右下方

的光源为补光灯，补光灯照射的光线将画面右侧脸部的阴影无痕迹地进行了消除，使人物脸部的打光效果看上去变得柔和了一些。

图 3-23　双灯打光下的画面

3.3.5　三点布光能够提高空间感和立体感

通过前文对于单一光源打光和双灯打光的介绍，相信大家应该已经明白，三点布光就是通过 3 个光源对被摄者进行打光的意思。三点布光是很多拍摄者比较喜欢用的多灯布光技法之一，三点布光能够提高拍摄场景的空间感和立体感，常用于空间不大的场景，非常适合直播拍摄时使用。

在直播间使用三点布光，可以从 3 个不同的位置、不同的角度来进行布置。例如：将第 1 个灯作为主光灯放置于主播的正前方，光线充足而均匀，并且还有美白磨皮的打光效果；将第 2 个灯作为侧光灯，在主播左侧或者右侧调整角度进行照射，使主播脸上出现少许阴影，增强主播五官的立体感；将第 3 个灯作为顶光灯，摆在头顶上方偏后的位置，灯光从头顶后方照射到主播的头部和肩部时，可以打亮主播发丝，并勾勒出主播的身形，产生轮廓光的打光效果。

三点布光最重要的技巧是将 3 个灯从 3 个不同的位置和角度进行打光，呈三角形对立照射，相辅相成、相得益彰。并不是一定要按上述布光方案来进行打光，完全可以根据直播间的环境和主播的形象来进行调整，至于用来布光的灯光设备，大家可以参考第 1 章中的内容。

图3-24所示为三点布光照射下的画面。拍摄时间为白天，被摄者位于窗前，即使有窗帘作为遮挡，依旧有光线从窗外照射进来，产生了天然的逆光效果。将第1个灯光较强的灯作为主光灯，从画面的左上角照射在被摄者的身上，进行了大面积的打光，打亮了被摄者身体的三分之二，此时画面右侧的脸部和身体会产生大片阴影；将第2个灯光较柔和的灯作为补光灯，放置在被摄者正前方画面偏左的位置，降低高度、调整角度，从斜下方进行打光，消除大部分因主光所产生的阴影；将第3个灯作为顶光灯，从画面右上偏后的位置进行打光，照射被摄者的头部和肩膀，照亮发丝并勾勒被摄者身形，同时还能消除画面右侧的阴影。

图3-24　三点布光照射下的画面

专家提醒

在补光时，大家可以选用LED环形灯，其灯光比较柔和，可以产生美白、磨皮等美颜效果，还可以根据布光需求选择桌面款或落地款。如图3-24所示，按照第2个补光灯的位置，便可以选择桌面款进行打光。另外，将第3个灯作为顶光光源时，可以选择灯光较弱的灯，打出的光线要窄一些，让光线对准被摄者的头发和肩膀部分，可以产生一定的聚光效果。在直播前，一定要先录播试试镜头效果，看头顶是否会反光，如果反光效果比较明显，要及时调整顶光光源的照射角度。

3.3.6 四灯式布光能精准控制直播间的光线

用4个灯作为灯源进行打光即为四灯式布光，四灯式布光能够精准地控制直播间的光线，通常会将主播半包围在中间位置。四灯式布光有以下几种常用的方案，下面为大家一一介绍。

（1）四灯式布光方案一

图3-25所示为四灯式布光方案一。以灯位1为主光光源，在主播的正前方进行打光，将光线均匀地照射在主播脸上；灯位2摆放在主播的右前侧，进行细节补光，此时主播左侧会出现少量阴影；灯位3摆放在主播的左后侧，消除因灯位2所产生的阴影，分离人物和背景；灯位4摆放在主播的左前侧，在主光灯附近进行包围式布光，使人物五官轮廓清晰，更有立体感。

如果主播此时是在进行带货直播，这个布光方案可以全方位地为产品补光，主播可以放心大胆地展示产品细节。

（2）四灯式布光方案二

图3-26所示为四灯式布光方案二。设灯位1和灯位2为双主光光源，灯位1摆放在主播的右前侧进行打光，灯位2在主播的正前方进行打光，且灯位1的位置靠前，灯位2的位置最远，这样不仅能将光线均匀地照射在主播脸上，还能使主播眼睛炯炯有神、闪着亮光；灯位3摆放在主播的左前侧，进行细节补光，此时3个灯位的灯光都集中照射在主播的脸上，主播脸上无阴影、皮肤透亮、眼睛有神；灯位4摆放在主播的左后侧，分离人物和背景，勾勒出主播的身形，使人物立体、空间分层。

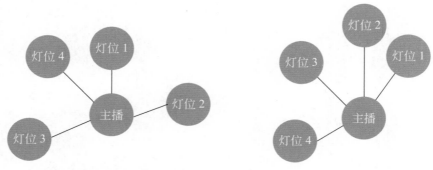

图3-25　四灯式布光方案一　　　　　图3-26　四灯式布光方案二

此方案适合美妆直播类的主播，灯光主要聚焦在主播的脸部和上身，打造出无影光的效果，使主播的脸看上去洁白、透亮，辅助主播拍摄出上妆后的最佳效果。

（3）四灯式布光方案三

图3-27所示为四灯式布光方案三。以灯位1为主光光源，摆放在主播正前方；灯位2和灯位3分别摆放在主播左前侧和右前侧，进行侧位补光，照亮主播身上的细节，消除主播正面阴影；灯位4摆放在灯位1的下面进行补光，即主播正下方的位置，使所有光均匀地照射主播全身。

此方案比较适合服装直播类的主播，4个灯的光主要集中在主播的前方位，主播的后方位都没有布灯，此时主播的后方处于阴影状态，这样的打光效果会让主播看起来身材婀娜、显瘦，服装的上身效果会比较好看。

另外，灯位4的摆放位置可以充分均匀地照亮主播的腿部，特别适合直播裤子、鞋子以及袜子之类的商品。

（4）四灯式布光方案四

图3-28所示为四灯式布光方案四。以灯位1为主光光源，摆放在主播正前方，灯光照射在主播的正面，使主播脸部的细节能够被清晰地拍摄到；灯位2和灯位3分别摆放在主播左右两侧，作为侧光灯辅助主光灯的打光，增加主播面部轮廓感；灯位4摆放在主播头顶上方的位置，形成顶光光源，灯光从主播头顶向下直射，照亮人物发丝，使拍摄出来的画面更具立体质感。

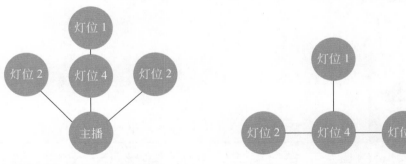

图3-27　四灯式布光方案三　　　　图3-28　四灯式布光方案四

此方案也很适合服装直播类的主播，且灯位4还可以稍微往主播的后方位偏离，照射下来的光线还可以充当轮廓光，勾勒主播身形，与背景产生明显的分层。

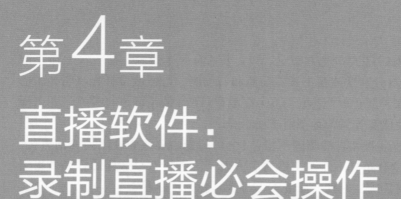

第4章
直播软件:
录制直播必会操作

作为一名出色的主播,一定要学会镜头录制,熟悉直播间的各种玩法,掌握直播软件的相关应用。只是敷衍了事,很难获得用户的关注和追捧。本章将向大家介绍主播录制直播必会的相关操作,希望大家能够掌握并灵活运用。

4.1 镜头设置:直播录制的基本要求和操作

一个受观众欢迎的直播间,通常会符合3个基本的环境要求:房间干净整洁、光线充足以及无噪声。除了直播间的环境令观众满意外,直播画面也要让观众满意才行,那么,对于直播录制有哪些基本要求和操作呢?本节向大家进行详细的介绍。

4.1.1 画面要清晰可观避免模糊

对于观众来说，直播间的画面一定要清晰，画面模糊的直播，观众肯定是不愿意观看的。无论是在室内直播还是在户外直播，直播间的光线都一定要保证明亮、均匀，要能看清人物脸部的微表情，在打光时要均匀地照射到人物脸部；要对镜头进行相应的设置，调节好白平衡和对比度等，避免因脸部光线太亮而导致镜头曝光；直播间的色调要根据主播的个人设定和直播类型来调整，使直播时的画面清晰可观。

一般来说，人物距离镜头越远，直播画面中的脸部表情就会越模糊，此时可以针对主播的站位对镜头进行焦距调整。不过现在很多主播都是用手机进行直播的，现在的手机基本都有自动对焦的功能，当主播贴近镜头后，镜头会进行自动对焦，使拍摄出来的画面比较清晰。图4-1所示为主播贴近镜头前后对比效果，主播在贴近镜头前的衣服是比较模糊的，主播在贴近镜头后，画面显示十分清晰，能够清楚地看到衣服上的细节。

贴近镜头前模糊　　　　　贴近镜头后清晰

图4-1　贴近镜头前后对比

4.1.2 人物在屏幕中显示的比例

在直播画面中，主播直播时走动的范围为直播区，主播在直播区域内进行内容直播，拍摄出来的画面效果会比较好。通常情况下，主播一般位于屏幕画面的中间位置，即画面的中心，那人物在屏幕中显示多少比例才合适呢？是全身出镜还是半身出镜呢？

像游戏类的直播，观众最想看的自然就是主播打游戏了。通常游戏类的直播画面分为两个部分，一部分连接播放的是游戏屏幕，另一部分连接播放的则是主播打游戏的状态画面。

主播可以将直播画面对半分，游戏屏幕和主播打游戏的镜头画面各占一半，如图4-2所示。

图4-2　游戏屏幕和主播的镜头画面对半分

主播也可以在屏幕的左下角或者右下角开辟一个小的区域，用来播放自己打游戏的镜头，其余的屏幕区域则用来播放游戏屏幕，如图4-3所示。

图4-3　主播的镜头画面置于屏幕的右下角

但无论这两部分屏幕怎么划分，主播都不是全身出镜，画面中的游戏主播都是坐着录制的，且都只露出了上半身，镜头拍摄到的画面要么是腰部以上，要么是肩部以上。跟游戏类主播还有"同款"出镜比例的有美妆类主播、美食类主播以及音乐类主播等。

需要主播全身出镜的类型有服装类、舞蹈类、健身类以及户外类等。就拿服装类直播间的主播来说，不论是衣服、裤子还是鞋子，都需要穿到主播身上，给观众看看上身效果。

那么全身出镜的画面，主播在屏幕中间占什么样的比例才能让画面好看、受观众欢迎呢？

其实大家可以从人像摄影的角度出发，如果要显得画面空间大、不拥挤，主播可以稍微站得离镜头远一点，注意头顶上方要有大量留白，呈三分线构图，这样拍摄出来的直播画面不仅显得有空间感，还能让主播看上去又高又瘦，如图4-4所示。

图4-4 远离镜头且头顶上方要有大量留白

在站位的时候，如果是要拍摄主播身上的服装，那么主播可以站在镜头画面的正中央；如果在做服装讲解时，希望观众可以看得清楚、仔细，还可以贴近镜头。需要注意的是，退回去时最好还是退到之前的站位，不要毫无章法地在直播间内乱走一通，这样拍摄到的画面效果会很不理想。如果是要拍摄主播手上拿着的服装，主播可以人往左右两边偏移，将服装产品拿至镜头画面的中央，让观众的注意力回归到服装产品上去。

另外，在直播时，与直播内容无关的人员禁止出现在镜头画面中，手机屏幕本来就不大，如果再进入无关人员，不仅显得主播间杂乱，还会显得直播间很拥挤。

4.1.3 找到主播最美的拍摄角度

在进行直播拍摄前，要先调整好直播拍摄的角度，一方面有利于主播更好地表达想要呈现给观众的内容，另一方面还能形成精美的构图。不同的拍摄角度，拍摄出来的画面差别会很大，能够影响画面的布局。

图4-5所示为不同角度拍摄的直播间，左图是直直地对准墙面进行拍摄，镜头与墙面呈平角视觉，给人的感觉是这个直播间的空间不够大；而右图则是将镜头斜对墙面，使直播间看上去像一个不规则空间，看上去既立体，空间又足。

图4-5 不同角度拍摄的直播间

当镜头对准主播进行拍摄时，也需要调整好角度，找到主播最美的那一面进行拍摄。如果主播的正脸比较好看，那就将镜头对准主播的正脸；如果主播觉得自己的侧脸比较好看，则可以将镜头斜对着主播，从30度的角度进行拍摄，注意角度不能太过，否则只能拍到主播身体的一半。图4-6所示为正脸直播效果和斜角直播效果。

另外，主播还可以采用仰角进行直播，可以让主播在直播画面中看上去显高、显腿长，如图4-7所示；若是从俯角的角度进行直播，则可以使主播的脸显小、显瘦，如图4-8所示。

图4-6　正脸直播效果和斜角直播效果

图4-7　采用仰角角度直播的效果

图4-8　采用俯角角度直播的效果

　　从不同的角度去拍摄，即使主播还站在同一个地方，拍摄出来的效果也会发生不一样的变化，产生很大的差别。另外，在调整角度时，不一定非得调镜头的角度，主播也可以通过侧身、改变站位等方式来面对镜头的拍摄，自己选择一个好看的角度去拍摄也是一种拍摄方法。主播要善于利用好拍摄角度，拍摄出自己最好看的一面，吸引更多观众的关注。

4.1.4 人物着装风格与背景协调

关于直播间的背景，前面已经强调了多次，一定要保持直播间干净、整洁，不要出现杂乱物品，且直播间的背景不宜过白，否则灯光打下来后，房间会过亮，使拍摄镜头出现曝光过度。主播的穿着风格最好与直播间的装修风格相协调，这样拍摄出来的直播画面效果会比较好。

图4-9所示为瑜伽类的直播间，直播间的背景比较简单，一面白墙上挂着一个圆形的钟表，画面左侧摆放着一盆绿植，地面摆放的是瑜伽垫和辅助练习动作用的瑜伽砖，让人看上去就感觉轻松、舒适。而主播的穿着也与主题和背景相搭，是一身偏休闲的、适合练习瑜伽的运动服装，身上也没有戴任何的配饰，整个画面看上去就比较协调。

而图4-10所示是一个古风服装类的直播间，直播间的背景是两排古风服装和两把具有古韵的油纸伞，让人一看就能明白该直播间主要售卖的产品就是古风服装。并且主播自己身上穿的也是古风服装，头上梳着发髻、戴着发簪，活脱脱一个古代女子的扮相，与直播间背景十分融洽。图4-10中唯一不足的是墙面依旧是现代风，如果将墙面也装修成古代风格的，相信直播间的氛围和画面感都会更佳。

图4-9　瑜伽类直播间

图4-10　古风服装类直播间

4.1.5 调整话筒和悬臂支架位置

像聊天类、唱歌类以及游戏类的直播间，通常都需要用话筒进行收音，如果将话筒一直拿在手上，则无法解放双手，所以大家通常会为话筒配置一个悬臂支架，如图4-11所示。

在摆放话筒和悬臂支架时，要调整好它们的角度和位置，不能离主播太远，否则收不到音，也不能离主播太近，防止喷话筒，且离主播太近容易挡住主播的脸。话筒离主播嘴的位置最好是保持在20 ～ 30厘米的距离，放置于下巴下方和镜头偏左或者偏右的位置，这样既能完美收音又不会挡脸，如图4-12所示。

图4-11 话筒与悬臂支架

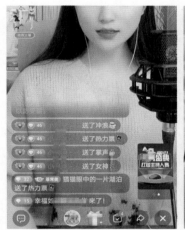

图4-12 话筒摆放的最佳位置示范

4.2

直播玩法：直播人气飙升的小秘诀

作为一名出色的主播，直播间的各种权限、管理以及和观众互动的技巧一定要主动去了解，并将这些操作技巧熟练掌握。只有熟悉了解了这些直播技巧后，才能找到适合自己且能帮助自己提升人气的方法。

4.2.1 开通直播功能权限

对于刚准备进入直播行业的新人来说，一定要学会各个平台的直播功能权限是如何开通和操作的，否则连基本入门都做不到。下面以"快手"APP为例，向大家介绍在"快手"APP中开通直播功能权限的操作方法。

步骤01 打开"快手"APP，进入"发现"界面，在左上角点击相应按钮 ☰，如图4-13所示。

步骤02 执行操作后，即可在界面左侧弹出菜单面板，点击"设置"按钮 ◎，如图4-14所示。

图4-13 点击相应按钮

图4-14 点击"设置"按钮

步骤03 进入"设置"界面，在"通用"选项区中，选择"开通直播"选项，如图4-15所示。

步骤04 执行操作后，即可进入"实名认证"界面，如图4-16所示。在该页面中根据页面提示，❶输入姓名和身份证号；❷点击"同意协议并认证"按钮；❸这里可以点击按钮下方的《人脸验证协议》链接，在弹出的对话框中，认真查阅协议内容，了解自己的权益和需要履行的条款。

步骤05 按页面提示完成操作后，即可进入"人脸认证"界面。待检测完成且满足"快手"APP的相关要求后，即可开通直播功能权限。

图4-15 选择"开通直播"选项 图4-16 "实名认证"界面

要想一次就能通过审核，需要满足"快手"APP的4个开通条件，具体如图4-17所示。

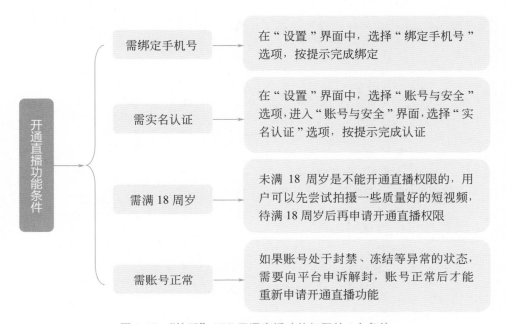

图4-17 "快手"APP开通直播功能权限的4个条件

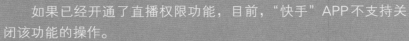

专家
提醒

如果已经开通了直播权限功能，目前，"快手"APP不支持关闭该功能的操作。

另外，关于账号被封禁，用户可以通过"违规查询"功能查看账号被封禁的原因，如果需要申诉解封，可以通过"账号申诉"功能，按照页面提示申请账号解封，待解封后即可申请开通直播功能。

在开通直播功能权限后，主播可能还会遇到各种各样的问题，此时可以在"设置"界面中，找到"反馈与帮助"，进入相应界面后即可根据困扰的问题选择对应的选项，具体操作如下。

步骤01 打开"快手"APP，进入"设置"界面，将屏幕滑到最底端，在"关于"选项区中，选择"反馈与帮助"选项，如图4-18所示。

步骤02 执行操作后，即可进入"客服中心"界面，如图4-19所示。

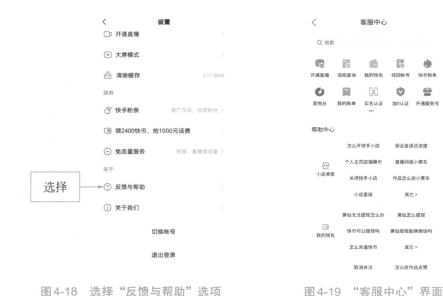

图4-18 选择"反馈与帮助"选项   图4-19 "客服中心"界面

步骤 03 在"客服中心"页面的"搜索"栏中，可以输入需要解决的问题或关键字，搜索出相关的解决方案，也可以根据问题的类型，在界面中选择与之相对应的选项。例如，关于直播方面的问题，即可在"帮助中心"选项区中，滑动屏幕，找到"直播"类，在"直播"区块中点击"其它"链接，如图4-20所示。

步骤 04 执行操作后，即可进入"直播相关"界面，在其中显示了多条解决与直播相关问题的方案，如图4-21所示。

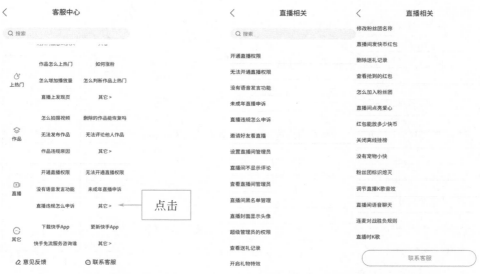

图4-20 点击"其它"链接

图4-21 显示多条解决与直播相关问题的方案

4.2.2 直播送礼、送红包

直播送礼，相信现在大家应该对此不算陌生了，粉丝在直播间可以通过打赏的方式给主播送虚拟礼物，而主播也可以将获得的虚拟礼物进行变现，还可以在直播间发送红包，并倒计时让直播间的观众去抢红包，通过这样的方式可以为主播带来人气，增加粉丝量。

专家提醒

以"快手"APP为例，该平台上发送的红包显示的是"快币"，快币是由现金兑换的，兑换比例为 1 ：10，即用人民币 1 元可以兑换 10 个快币。发红包前，主播需要保证账户中的快币余额充足，该平台充值快币的最低金额为 6.8 元人民币。

另外，观众在直播间给主播打赏的礼物是需要用快币来购买的，因此，也需要观众兑换一些快币才可以进行打赏。

在直播间要怎么开启或关闭礼物特效呢？以"快手"APP为例，共有两种方法。

（1）在直播前开启或关闭

在直播前开启或关闭礼物特效的方法是在拍摄界面进行操作的，具体方法如下。

步骤01 打开"快手"APP，进入"发现"界面，点击"拍摄"按钮，如图 4-22 所示。

步骤02 进入"开直播"界面，点击"更多"按钮◉，如图 4-23 所示。

步骤03 执行操作后，弹出"更多"面板，此时"礼物特效"图标呈橙色显示，表示为开启状态，如图 4-24 所示。

步骤04 点击"礼物特效"图标，❶界面会弹出信息提示"已关闭礼物特效"；❷此时图标呈白色显示，如图 4-25 所示。

点击

图 4-22 点击"拍摄"按钮

点击

图 4-23 点击"更多"按钮

显示

图 4-24 "礼物特效"图标呈橙色显示

2 显示

1 提示

图 4-25 图标呈白色显示

步骤05 再次点击"礼物特效"图标，❶图标将呈橙色显示；❷并弹出信息提示"已开启礼物特效"，如图4-26所示。

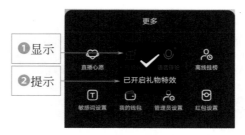

①显示

②提示

图4-26　弹出信息提示

（2）在直播时开启或关闭

第二种开启或关闭礼物特效的方法是在开始拍摄后直播时进行操作的，具体的操作方法如下。

步骤01 在"开直播"界面中，①设置好直播间的封面；②并在封面的右侧输入直播间的标题；③点击"开始视频直播"按钮，如图4-27所示。

步骤02 执行操作后即可进入直播间，点击"更多"按钮●●●，如图4-28所示。

①设置

②输入

③点击

图4-27　点击"开始视频直播"按钮

点击

图4-28　点击"更多"按钮

步骤03 执行操作后，弹出工具面板，点击"直播间设置"按钮◎，如图4-29所示。

步骤04 执行上述操作后，在弹出的面板中点击"礼物特效"图标，当图标呈橙色显示，则表示"礼物特效"功能已开启，如图4-30所示；当图标呈白色显示，则表示"礼物特效"功能已关闭。

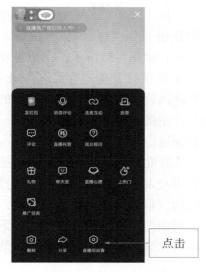

点击

图4-29 点击"直播间设置"按钮

图4-30 点击"礼物特效"图标

步骤05 再次打开工具面板，点击"礼物"按钮🎁，如图4-31所示。

步骤06 弹出相应面板，在"全部礼物"选项面板中，可以看到平台设置的所有礼物以及礼物的价格。在"收到礼物"选项面板中，可以看到观众送给直播间用来打赏主播的礼物，若"收到礼物"选项面板中显示为"暂无礼物"，则表示主播目前还未得到任何一位观众的打赏，主播还需再接再厉，如图4-32所示。

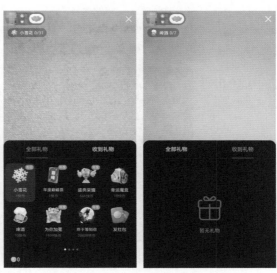

点击

图4-31 点击"礼物"按钮　图4-32 "全部礼物"选项面板和"收到礼物"选项面板

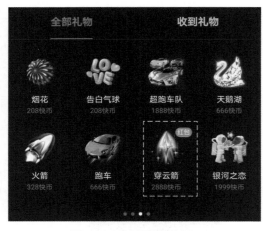

图 4-33 "穿云箭"红包

在"快手"APP中，有一种礼物红包叫作"穿云箭"，价值2888快币，如图4-33所示。主播每收到一个粉丝打赏的"穿云箭"礼物，直播间就会生成一个2888快币的红包，主播和平台官方可以按照一定比例进行分成。

除此之外，主播在直播时还可以主动发送红包给观众，带动直播间的气氛，增加与观众的互动，还能吸引"路人"进入直播间。下面向大家介绍在直播时发送红包的具体操作方法。

步骤01 点击直播页面的"更多"按钮，如图4-28所示即可弹出工具面板，在其中点击"发红包"按钮，如图4-34所示。

步骤02 弹出"普通红包"面板，其中有两种红包可以选择，一种是50快币的，一种是200快币的，这里选择50快币的红包，点击下方的"发送50快币红包给大家"按钮即可，如图4-35所示。

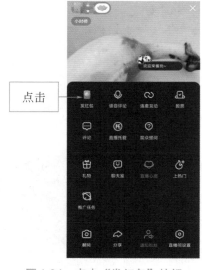

图 4-34 点击"发红包"按钮

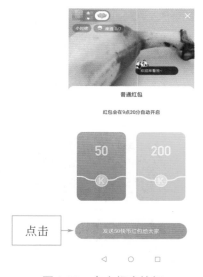

图 4-35 点击相应按钮

专家
提醒

如果直播结束时，主播发送的红包仍未被领取完，剩余的红包快币会在24小时内退还到主播的账号中，退还的红包可以在"我的钱包"中查看红包记录，具体的操作如下。

步骤01　打开"快手"APP，进入"发现"界面，在左上角点击相应按钮，如图4-36所示。

步骤02　执行操作后，即可在界面左侧弹出菜单面板，选择"更多"选项，如图4-37所示。

图4-36　点击相应按钮

图4-37　选择"更多"选项

步骤03　执行操作后，进入"侧边栏功能"面板，在"更多功能"选项区中，点击"我的钱包"按钮，如图4-38所示。执行操作后，即可进入

"我的钱包"界面，选择"红包记录"选项。

图4-38 点击"我的钱包"按钮

步骤04 执行操作后，即可进入"红包记录"界面，可以看到"收到的红包"记录和"发出的红包"记录，点击"退款记录"按钮，如图4-39所示。

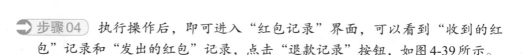

图4-39 点击"退款记录"按钮

步骤05 执行上述操作后，即可进入"退款记录"界面，在其中可以查看退还的红包记录。

4.2.3　直播间自带的玩法

一些直播平台通常都自带各种功能，为主播提供了更多可以进行直播的内容和玩法。以"快手"APP为例，该平台为主播提供了直播唱歌、直播心愿、主播连线、连麦互动、语音评论、聊天室、投票以及装饰等玩法。

（1）直播唱歌

在"快手"APP中直播唱歌，有独唱和合唱两种模式可以选择，具体如下。

① 独唱：我要K歌。打开"快手"APP开启直播，进入直播间界面，在界面下方点击"音乐"按钮，如图4-40所示。弹出相应面板，点击"我要K歌"按钮，如图4-41所示。

图4-40　点击"音乐"按钮

图4-41　点击"我要K歌"按钮

执行操作后，即可进入"选择音乐"界面，如图4-42所示。在该界面中可根据主播的个人喜好和风格选择歌曲，在直播间进行独唱。

② 合唱：K歌房间。如果主播觉得一个人唱歌不够好玩，可以选择多人合唱模式。在图4-42所示的界面下方，点击"K歌房间"按钮[KTV]，执行操作后即可进入K歌房间，点击"我要唱歌"按钮，如图4-43所示；弹出"点歌台"面板，如图4-44所示；在其中找到想唱的歌后，点击"点歌"按钮即可进行多人合唱。

图4-42　进入"选择 音乐"界面	图4-43　点击"我要 唱歌"按钮	图4-44　"点歌台" 面板

若主播不想唱歌了，想退出"K歌房间"，可以点击界面上方的■按钮，如图4-45所示。在弹出的列表框中，有两个选项可以选择，选择"切回视频直播"选项，即可回到视频直播界面；选择"关闭直播"选项，即可直接退出直播。

图4-45　点击相应按钮

（2）直播心愿

"直播心愿"是在直播间与观众进行互动的一种功能，主播进入直播间界面后，可以在界面下方点击"更多"按钮●●●，在弹出的面板中，点击"直播心愿"按钮，如图4-46所示。执行操作后，即可弹出"今日直播心愿"面板，如图4-47所示。在其中可以设置心愿单，例如设置获得观众赠送的"啤酒"礼物7

个，获得观众赠送的"小雪花"礼物和"小可爱"礼物各31个等，点击"生成心愿"按钮，即可与粉丝实现互动。

图4-46 点击相应按钮

图4-47 "今日直播心愿"面板

待生成心愿单后，在直播间的左上方会滚动显示主播的心愿单，如图4-48所示。

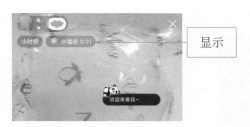

图4-48 滚动显示主播的心愿单

（3）主播连线

在"快手"APP中，为主播提供了一个"主播连线"功能，主播与主播之间可以进行连线对战，也可以连线聊天。

① 连线对战。进入直播间界面，点击下方的"主播连线"按钮**PK**，如图4-49所示。弹出相应面板，通常会默认进入"连线对战"选项面板，如图4-50所示。在下方列表中，选择一个感兴趣的人，点击头像右侧的"邀请"按钮，即可邀请对方进行连线对战。

图4-49 点击"主播连线"按钮

图4-50 "连线对战"选项面板

主播还可以在面板中点击"随机对战"按钮，随机匹配连线其他主播，如果主播有好友也在进行直播的话，也可以选择与好友一起连麦。连麦对战时间为5分钟，通过主播获得的点赞数和礼物来计分，1个点赞记1分，礼物换算为快币，1个快币记3分，获得的第1个礼物可以以1快币记15分来计分，最终分数高的主播获胜。

② 连线聊天。如果主播想要进行连线聊天的话，可以在图4-50所示的界面中，点击"连线聊天"标签，切换至"连线聊天"选项面板，如图4-51所示。点击面板下方的"开始连线聊天"按钮，即可自动匹配其他主播一起连线聊天。

图4-51 切换至"连线聊天"选项面板

（4）连麦互动

"快手"APP支持直播间"连麦互动"功能。在直播间界面中，点击"更多"按钮●●●，进入相应面板，在面板中点击"连麦互动"按钮🔗，如图4-52所示。

执行操作后，即可在直播间界面下方弹出开启"连麦互动"的面板，如图4-53所示，点击"允许观众在直播间申请连麦"按钮，即可开启"连麦互动"功能，

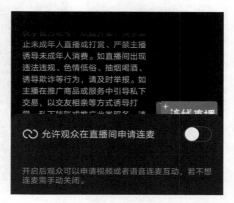

开启后观众即可申请与主播视频连麦或语音连麦。

图4-52　点击"连麦互动"按钮

图4-53　弹出开启"连麦互动"的面板

（5）语音评论

观众进入直播间后，如果要在直播间进行评论，通常都是发送文字，若主播在直播间开启了"语音评论"，观众即可在直播间用语音的方式进行评论。

"语音评论"的开启是在图4-52所示的面板中，点击"语音评论"按钮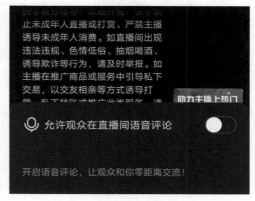，即可在直播间界面下方弹出开启"语音评论"的面板，如图4-54所示，点击"允许观众在直播间语音评论"按钮，即可开启"语音评论"功能。

图4-54　弹出开启"语音评论"的面板

（6）聊天室

"快手"APP的"聊天室"中，一共可以邀请5位观众一起在"聊天室"中进行互动聊天，如图4-55所示。

点击"1号麦"的按钮，即可在界面下方弹出1号麦的设置面板，如图4-56所示。选择"邀请上麦"选项，即可邀请直播间中的一名观众进入"聊天室"；选择"闭麦"选项，即可暂时关闭1号麦的声音；选择"锁麦"选项，则可以锁定1号麦的位置。

点击"聊天室"界面下方的"放映厅"按钮，即可进入"放映厅"界面，如图4-57所示。在其中可以选择喜欢的影片，与直播间的观众一起观看。

第4章　直播软件：录制直播必会操作

图4-55 "聊天室"界面　　　图4-56 1号麦的设置面板　　　图4-57 "放映厅"界面

（7）投票

相信很多人都参与过各种各样的投票，那么作为主播，怎么在直播间开启投票通道呢？

首先进入"快手"APP的直播间界面，点击界面下方的"更多"按钮，打开相应面板，在该面板中点击"投票"按钮，即可弹出"投票"面板，默认进入的是"直播投票"选项面板，如图4-58所示。

在"直播投票"选项面板中，主播可以根据面板中的提示，依次输入直播投票的标题和投票选项内容，需要注意的是标题要控制在14个字以内，投票选项要控制在8个字以内。例如，直播投票的标题为"想要主播表演什么才艺？"，那么投票选项则可以填唱歌、跳舞以及画画等，需要注意的是投票选项最多只能填4个选项。

在界面下方点击"时长2分钟"按钮，弹出"选择投票时间"面板，如图4-59所示。在其中即可设置投票的时长，如果是在短时间内就需要得到投票结果的话，可以将时间设置在2～5分钟内，如果投票结果不着急的话，可以将时间设置在10～20分钟之内，设置完成后，点击"完成"按钮，即可完成投票时长的设置。在"直播投票"选项面板中，点击"发起投票"按钮，即可在直播间发起投票活动。

图4-58　"直播投票"选项面板

图4-59　"选择投票时间"面板

（8）装饰

在"快手"APP中开启直播，进入直播间界面，在该界面的下方点击"装饰"按钮，如图4-60所示。弹出相应面板，在面板中显示了魔法、美化以及贴纸3个按钮，如图4-61所示。

图4-60　点击"装饰"按钮

图4-61　弹出相应面板

在面板中点击"贴纸"按钮 ，弹出相应面板，在面板中有两个选项面板，分别是"文字贴纸"选项面板和"图案贴纸"选项面板。通常默认进入的是"文字贴纸"选项面板，该面板中有3个文字贴纸样式，❶选择相应的样式，❷即可在直播间的屏幕上显示出来，如图4-62所示。

切换至"图案贴纸"选项面板，其中显示了多款图案贴纸样式，如图4-63所示。其使用方法与文字贴纸是一样的，主播只需要选择一款适合自己的或者自己喜欢的图案贴纸即可。

图4-62 "文字贴纸"选项面板

图4-63 "图案贴纸"选项面板

在"装饰"面板中，点击"美化"按钮，在"美化"面板中，主播则可以根据需要设置磨皮、滤镜等。在"装饰"面板中，还可以点击"魔法"按钮，进入相应特效面板，如图4-64所示。

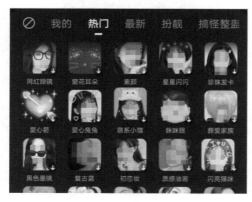

图4-64 进入相应特效面板

在面板中选择一款喜欢的特效，即可应用到主播的脸上。例如"萌系小猫"特效就是一顶萌萌的小猫帽子，应用该特效后，无论主播在屏幕的哪个位置、怎么移动，只要主播的脸在镜头画面中被系统辨识，就能将"萌系小猫"的特效添加到主播的头顶，使主播看上去就像是带了一顶小猫帽子。

4.2.4　直播中跟观众互动

在直播中跟观众互动可以帮助主播凝聚粉丝，提高直播间的人气。在上一小节的介绍中，主播可以通过连麦互动、语音评论、聊天室以及投票等功能跟观众进行互动，除此之外还可以通过一些有趣又好玩的小游戏跟观众互动，如图4-65所示。

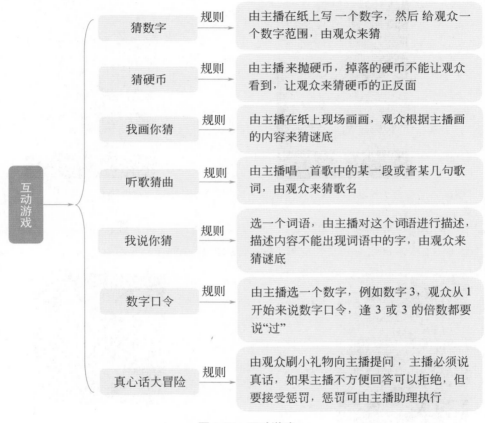

图4-65　互动游戏

4.2.5　设置直播间管理员

为了帮助主播更好地管理直播间，主播可以设置直播间管理员。下面以"快手"APP为例，向大家介绍如何设置直播间管理员。

🔵 步骤01　打开"快手"APP，进入"开直播"界面，点击"开始视频直播"按钮，如图4-66所示。

⭕ 步骤02 进入直播间界面，待进入观众后，点击观众头像或观众的用户名，如图4-67所示。

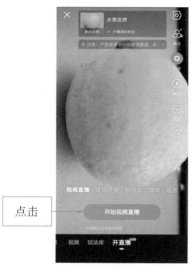

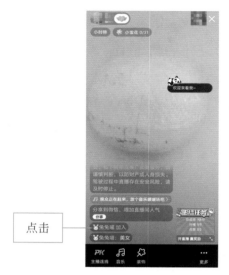

图4-66 点击"开始视频直播"按钮　　　图4-67 点击观众用户名

⭕ 步骤03 弹出所选观众的主页，点击右上角的相应按钮⚠，如图4-68所示。

⭕ 步骤04 弹出相应面板，选择"设为管理员"选项，如图4-69所示。

图4-68 点击相应按钮　　　　　图4-69 选择"设为管理员"选项

⭕ 步骤05 弹出提示对话框，提示主播是否确定设置所选观众为管理员，点

击"确定"按钮，如图4-70所示。

步骤06 执行操作后，弹出信息提示，提示主播所选观众已被设置为管理员，如图4-71所示。

图4-70　点击"确定"按钮

图4-71　弹出信息提示

步骤07 返回直播间主界面，点击"更多"按钮●●●，如图4-72所示。

步骤08 弹出相应面板，在其中点击"直播间设置"按钮◎，如图4-73所示。

图4-72　点击"更多"按钮

图4-73　点击"直播间设置"按钮

步骤09 进入下一个面板，点击"管理员设置"按钮，如图4-74所示。

步骤10 进入"管理员"页面，在"在线管理员"下方会显示设置的直播间管理员，此时观众的用户名后面会出现一个黄色的"管"字图标，如图4-75所示。

图4-74 点击"管理员设置"按钮　　　　图4-75 显示设置的直播间管理员

另外，主播还可以将观众设置为"超级管理员"，设置完成后用户名后面会出现一个橙色的"管"字图标。

主播最多可以设置10个超级管理员和50个普通管理员，超级管理员可以管理普通管理员，且具备取消普通管理员资格的权限。管理员不要随便选择，最好是跟自己熟悉的、可信的人员，可以是亲人、朋友或者团队里的工作人员。

专家提醒

当某位观众言语不当时，点击该观众的头像或用户名，在弹出的面板中，可以将其踢出直播间或者使其禁言甚至加入黑名单。

图4-76 "敏感词设置"页面

另外，主播还可以设置直播间敏感词，在图4-74所示的面板中，点击"敏感词设置"按钮，即可进入"敏感词设置"页面，如图4-76所示。在下方的文本框中输入敏感词，设置完成后，敏感词将不会出现在直播屏幕上。需要注意，敏感词最少2个汉字，最多不超过6个汉字。

OBS直播：一键开播，录播更精彩

OBS是Open Broadcaster Software的缩写，它是一款录屏直播软件，可以在手机端使用，也可以在PC（个人计算机）端使用，能够指定捕捉某个正在运行的程序窗口，录制出来的视频格式为MP4格式，不需要再次压缩，对配置要求也不算高，非常适合游戏类和教学类的主播。目前已经有很多主播开始使用OBS进行直播了。本节将以快手直播伴侣为例，为大家介绍OBS直播软件的安装和使用方法。

4.3.1 下载安装OBS直播软件

快手直播伴侣需要开通快手直播权限才能使用。下载安装快手直播伴侣软件有两种模式，一种是PC（电脑）端下载，另一种是手机端下载。下面介绍具体的操作方法。

步骤01 打开一个浏览器，进入"快手"官方首页，❶在页面上方单击"快手直播"下拉按钮；❷在弹出的列表框中选择"直播伴侣"选项，如图4-77所示。

图4-77 选择"直播伴侣"选项

步骤02 进入"快手直播"页面，可选择"PC客户端下载"或"手机客户端下载"，如图4-78所示。

图4-78 客户端下载页面

4.3.2 使用PC OBS直播软件

使用PC端OBS直播软件，首先需要打开上一小节中安装的PC端"快手直播伴侣"软件。图4-79所示为"快手直播伴侣"软件的引导页，页面中为用户提供了3种直播方式，分别是游戏直播、手游直播以及秀场直播。

图4-79 "快手直播伴侣"引导页

（1）秀场直播

"秀场直播"方式是通过电脑上安装的摄像头来进行直播的，即直播的画面镜头来源于摄像头拍摄到的场景和画面。

在"快手直播伴侣"引导页中，❶选择"秀场直播"方式；❷在下方面板中可以选择安装的摄像头；❸单击"继续"按钮，如图4-80所示。

图4-80 单击"继续"按钮

执行上述操作后，即可进入"秀场直播"界面，如图4-81所示。

图4-81 "秀场直播"界面

在界面中登录快手直播账号，开始直播前可以在"直播工具"面板中进行心愿单、变声和魔法表情等设置；设置完成后，单击"开始直播"按钮，即可开始直播；单击"录制"按钮，即可对上方的直播画面进行录屏，录制直播全过程。

在图4-81所示的界面左上角，单击"回到引导页"按钮█，如图4-82所示，弹出"提示"对话框，提示用户回到引导页将会清空所有画面来源，如图4-83

所示。单击"确定"按钮，即可返回"快手直播伴侣"引导页。

图4-82　单击"回到引导页"按钮　　　　图4-83　弹出"提示"对话框

（2）手游直播

"手游直播"通常用来直播手机游戏，主要通过手机投屏的方式进行直播，即直播画面的镜头来源于手机端，直播镜头显示的画面与手机屏幕显示的画面是一致的。

在"快手直播伴侣"引导页中，选择"手游直播"方式，在下方面板中为用户提供了两种投屏方式，一种是"苹果设备投屏"，另一种是"安卓设备投屏"，如图4-84所示。

图4-84　选择"手游直播"方式

用户可以根据个人需求和实际情况来选择，选择完成后，会弹出"投屏方式选择"对话框，在对话框中提供了一个二维码，用户可以用手机上安装的"快手直播伴侣"APP扫描二维码开始直播，如图4-85所示。

需要注意，用户在扫描二维码前需要满足对话框中提示的两个条件，一是在非公共网络的情况下，要保持手机和电脑连接的是同一个Wi-Fi；二是需要用户在对话框中进行声音选择。这里可以选择使用电脑声音或者选择使用手机声音，使用电脑声音是指通过电脑连接的麦克风进行录音，使用手机声音则是指通过手机自带的麦克风或者手机连接的麦克风进行录音。

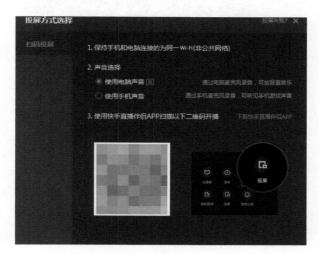

图4-85　弹出"投屏方式选择"对话框

（3）游戏直播

"游戏直播"主要通过捕获窗口屏幕来进行直播，即直播画面的镜头来源于电脑中正在运行的程序软件。

在"快手直播伴侣"引导页中，选择"游戏直播"方式，在下方面板中为用户提供了3种直播模式，如图4-86所示。

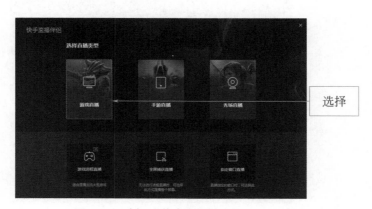

图4-86　选择"游戏直播"方式

① 游戏进程直播。"游戏进程直播"模式非常适合大屏类的大型游戏直播。选择"游戏进程直播"模式，会弹出"选择游戏"对话框，如图4-87所示。

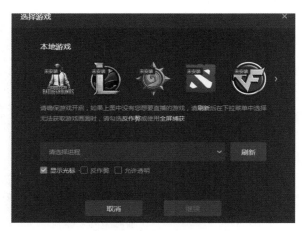

图 4-87   弹出"选择游戏"对话框

在对话框中，显示了各类大型游戏的图标，用户可以选择一个已经安装好的游戏进行直播。如果显示的游戏图标中，没有用户想要直播的游戏，则可以在"请选择进程"的下拉菜单中选择一个已经启动的游戏软件。

选择启动的程序软件后，单击"继续"按钮。执行操作后，即可进入主界面进行直播。

② 全屏捕获直播。当用户无法进行游戏进程直播时，可以选择"全屏捕获直播"模式进行直播。选择"全屏捕获直播"模式后，会弹出"选择显示器开播"对话框，在对话框中选择显示器后，单击"继续"按钮，如图4-88所示。

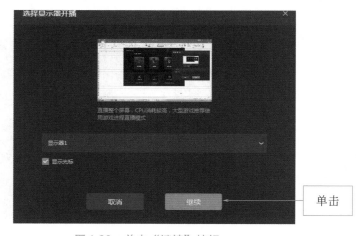

图 4-88   单击"继续"按钮

执行上述操作后，进入主界面，单击"开始直播"按钮，即可开始全屏直播，如图4-89所示。

图 4-89　单击"开始直播"按钮

③ 指定窗口直播。"指定窗口直播"是指在已经启动的程序中，选择一款游戏软件或者一款办公软件，以选择的程序软件窗口画面作为直播的画面镜头。

在引导页选择"指定窗口直播"模式后，会弹出"选择窗口"对话框，在该对话框中显示了已经启动的程序软件，选择一款程序软件，如图 4-90 所示。

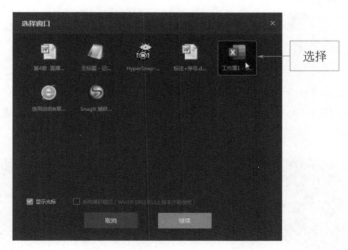

图 4-90　选择一款程序软件

单击"继续"按钮，进入主界面，即可捕获指定的程序软件窗口，捕获到的画面会显示在主界面的预览窗口中，如图 4-91 所示。

除了通过从引导页选择直播方式外，用户还可以在主界面中切换直播方式。在主界面的右上角，❶ 单击相应按钮▶；❷ 在弹出的列表框中可以选择直播方式，如图 4-92 所示。选择直播方式后，单击"画面来源"按钮，如图 4-93 所示。

图4-91　在预览窗口中显示指定捕获的窗口画面

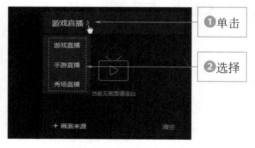

图4-92　选择直播方式

图4-93　单击"画面来源"按钮

　　弹出"画面来源"窗口，选择一种画面来源的方式，本次选择"文字"，如图4-94所示。弹出"设置文字"对话框，❶在对话框上方可以设置文字的字体、字号大小以及对齐方式等；❷设置完成后在文本框中输入相应的文字；❸在"高级设置"面板中还可以设置字体的背景、描边以及滚动速度；❹设置完成后单击"继续"按钮，如图4-95所示。

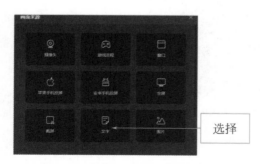

图4-94　选择一种画面来源的方式

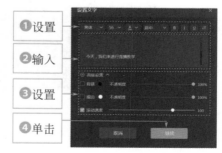

图4-95　单击"继续"按钮

　　执行操作后，返回主界面，在预览窗口中可以查看文字效果，如图4-96所示。在右上角的面板中显示了画面来源，将鼠标移至画面来源上，在上面显示了6个功能按钮，从左至右依次表示为编辑、上移一层↑、下移一层↓、删除源⬛、锁定源🔒以及隐藏源👁，如图4-97所示。

今天，我们来进行直播教学

们来进行直播教学　今天，我

图4-96　查看文字效果

图4-97　将鼠标移至画面来源后

专家提醒

在"画面来源"面板中，并不是只能添加一个画面来源，用户可以同时添加多个画面来源，在直播的时候可以进行画面切换。另外，在画面来源上显示的6个按钮，其具体功能如下。

"编辑"按钮⬛：单击该按钮，可以重新打开设置对话框，对画面来源进行设置修改。

"上移一层"按钮↑：可以将画面来源上移一层。

"下移一层"按钮↓：可以将画面来源下移一层。

"删除源"按钮⬛：可以将当前画面来源删除。

"锁定源"按钮🔒：可以将当前画面来源锁定，锁定后不能进行任何操作。

"隐藏源"按钮👁：可以将当前画面来源隐藏，隐藏后将不会在预览窗口中显示。

4.3.3　使用手机OBS直播软件

在手机上使用OBS直播软件，可以在手机上点击下载安装好的"快手直播伴侣"APP，如图4-98所示。打开"快手直播伴侣"APP后，默认进入"直播"

界面，在界面中点击"更多"按钮 ，如图4-99所示。执行操作后，即可展开隐藏的功能按钮，如图4-100所示。

图4-98　点击"快手直播伴侣"

图4-99　点击相应按钮

图4-100　展开隐藏的功能按钮

专家提醒

1.在界面中点击"录视频"按钮，即可开启录屏功能，对手机屏幕进行录制。点击"投屏"按钮，在电脑上打开"快手直播伴侣"软件，并调出投屏二维码，即可用手机扫码后进行投屏直播。

2.在"快手直播伴侣"APP中登录快手账号后，"我要直播"界面中的封面和直播标题与"快手"APP中同步。

点击"我要直播"按钮，可进入"我要直播"界面，如图4-101所示。在该界面中可以进行相应的设置，包括选择直播画面的清晰度、更换封面、修改直播标题以及开启位置信息等。点击"选择游戏"右侧的按钮，进入"选择分类"界面，可选择多种有趣又好玩的游戏，如图4-102所示。

图4-101 "我要直播"界面

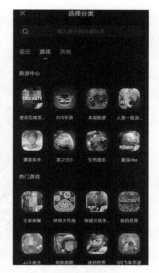

图4-102 "选择分类"界面

切换至"其他"选项面板，在其中选择主播要直播的类型（例如美食），如图4-103所示。选择完成后，返回"我要直播"界面，可以看到"选择游戏"已经修改成了"美食"，如图4-104所示。

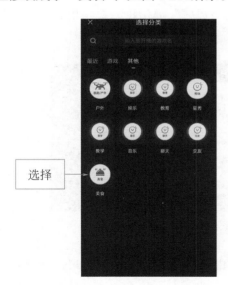

图4-103 选择主播要直播的类型

图4-104 修改分类

❶如果主播选择的是一款熟悉的游戏（例如贪吃蛇大作战），❷在"我要直播"界面中点击"开始直播"按钮，如图4-105所示。执行操作后，界面中会显

示一个信息提示框，提示用户"快手直播伴侣"将开始截屏录制，点击"立即开始"按钮，如图4-106所示。

图4-105 点击"开始直播"按钮　　　　图4-106 点击"立即开始"按钮

开启截屏录制后，界面中会弹出"安全提醒"提示框，提示用户注意保护信息和财产安全，如图4-107所示。

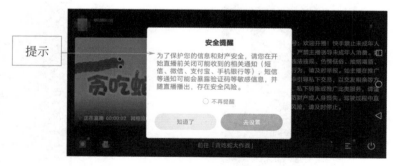

图4-107 弹出"安全提醒"提示框

点击"去设置"按钮，即可根据需要进行相关设置；点击"知道了"按钮，即可关闭提示框；选中"不再提醒"单选按钮，即可在下一次直播时不再显示该提示框。

在直播间界面中，屏幕布局一分为二，画面左侧是游戏界面，画面右侧为评论信息，在画面下方点击"前往「贪吃蛇大作战」"按钮，如图4-108所示。

执行操作后，即可打开游戏软件，进入游戏界面，"快手直播伴侣"将会以悬浮窗的状态显示在屏幕上，如图4-109所示。

图4-108 点击"前往「贪吃蛇大作战」"按钮

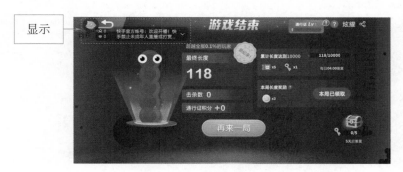

图4-109 "快手直播伴侣"以悬浮窗的状态显示在屏幕上

点击"快手直播伴侣"图标，在弹出的列表框中，点击"结束"按钮，如图4-110所示。执行操作后，即可停止直播，关闭直播间。

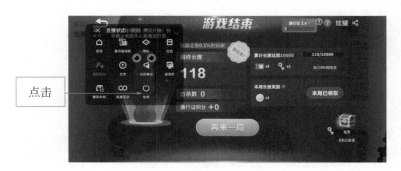

图4-110 点击"结束"按钮

第5章
直播拍摄：
主播必备直播技能

不管在什么行业做什么工作，想要获得成功、成为专业人士，都要培养各种能力。很多人认为直播就是在摄像头面前和用户聊天，这就大错特错了。

想要成为一名专业的主播，需要培养各方面的能力。本章将为大家详细介绍关于主播的必备直播技能。

直播美颜：让自己变得好看点

在各类直播平台中，我们总能看到许多令人眼前一亮的俊男美女，主播的颜值在一定程度上会影响直播间的观看人数，因此主播在直播时可以应用直播平台自带的美颜功能修饰自己，吸引更多观众涌入直播间，增加自己的人气。

5.1.1 抖音直播美颜功能

现在人们在抖音平台上开直播时，除了自带美妆、应用补光灯打光外，开启平台自带的美颜功能也很有必要，那么抖音直播怎么开启美颜功能呢？下面介绍具体的操作方法。

步骤01 打开"抖音"APP，进入拍摄界面，如图5-1所示。

步骤02 点击"开直播"按钮，进入直播拍摄界面，如图5-2所示。

步骤03 点击"美化"按钮 ✎，进入相应界面，❶点击"美颜"标签，在"美颜"选项面板中显示了磨皮、瘦脸、大眼、小脸、瘦鼻、黑眼圈、法令纹以及额头等美颜功能；❷选择相应功能后拖曳上方的滑块，调整至相应参数即可设置直播时的美颜效果，如图5-3所示。

步骤04 点击"滤镜"标签，在"滤镜"选项面板中显示了白皙、轻氧、超白、柔和、微醺、清纯、活泼、动人等滤镜特效，选择相应滤镜特效即可应用，如图5-4所示。

图5-1 进入拍摄界面

图5-2 点击"开直播"按钮

图5-3 点击"美颜"标签　图5-4 点击"滤镜"标签

步骤05 设置完成后，返回"开直播"拍摄界面，点击"开始视频直播"按钮，即可使用美颜功能开始直播。

105

5.1.2 快手直播美颜功能

快手直播主播在开始直播前，需要先开启快手直播的美颜功能，使直播效果更好，下面介绍在"快手"APP中开启美颜功能的操作方法。

步骤01 打开"快手"APP，进入拍摄界面，如图5-5所示。

步骤02 点击"开直播"按钮，进入直播拍摄界面，如图5-6所示。

图5-5　进入拍摄界面

点击

图5-6　点击"开直播"按钮

步骤03 点击"美化"按钮 ，进入相应界面，点击"美颜"标签，在"美颜"选项面板中显示了数字1～5的按钮，如图5-7所示。

步骤04 双击数字1按钮，弹出相应面板，其中显示了美白、磨皮、瘦脸、下巴、大眼、瘦鼻、嘴形、黑眼圈、白牙、亮眼以及发际线等美颜功能；用户可以选择"使用预设"功能，应用系统默认的美颜预设进行直播，如图5-8所示。

步骤05 ❶还可以选择其他相应功能（例如"美白"功能）；❷拖曳上方的滑块，调整相应参数即可设置直播时的美颜效果，如图5-9所示。

步骤06 点击"滤镜"标签，在"滤镜"选项面板中显示了自然、清澈、圣代、白嫩以及春日等滤镜特效，选择相应滤镜特效即可应用，如图5-10所示。

图5-7 点击"美颜"标签

图5-8 选择"使用预设"功能

图5-9 拖曳相应滑块

图5-10 点击"滤镜"标签

步骤07 设置完成后，返回"开直播"拍摄界面，选择一个直播模式，点击"开始直播"按钮，即可使用美颜功能开始直播。

5.1.3 淘宝直播美颜功能

在淘宝平台直播需要先下载"淘宝主播"APP，登录账号后进行身份认证，认证完成后即可以淘宝主播的身份进行直播。在开始直播前，主播可以进行美颜设置，下面介绍具体的操作方法。

步骤01 打开"淘宝主播"APP，点击底部的 ⓒ 按钮，如图5-11所示。

步骤02 进入"开直播"拍摄界面，点击"美化"按钮 👤，如图5-12所示。

图5-11 点击底部的相应按钮

图5-12 点击"美化"按钮

专家提醒

进入"美化"设置界面，在"滤镜"和"美颜"右侧有一个"已开启"按钮 ✅已开启，表示APP已默认开启了淘宝直播拍摄的美颜功能，但开启的功能都是系统默认的，主播在开播前最好按自己的需求先设置好"滤镜"和"美颜"。

步骤03 执行上述操作后，默认进入"滤镜"选项面板，在面板中显示了嫩白、阳光、幽静、白皙、复古以及清新等滤镜特效，❶选择相应滤镜特效（例如"嫩白"特效），❷在下方拖曳"强度"滑块进行适当调整，执行操作后即可应用滤镜特效，如图5-13所示。

步骤04 ❶点击"美颜"选项，在"美颜"选项面板中显示了磨皮、美白以及锐化3个美颜功能；❷拖曳3个美颜功能对应的滑块，调整相应参数即可设置直播时的美颜效果，如图5-14所示。

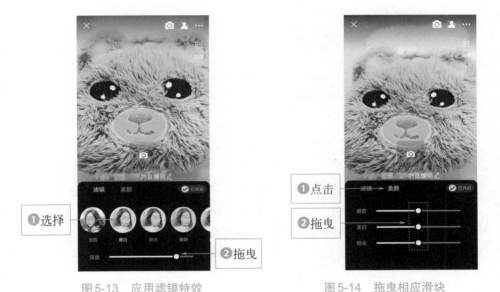

图5-13　应用滤镜特效　　　　　　图5-14　拖曳相应滑块

步骤05 设置完成后，返回"开直播"拍摄界面，点击"开始直播"按钮，即可自带美颜功能开始直播。

5.1.4　YY直播美颜功能

　　YY直播也为主播们提供了美颜拍摄功能，让主播们在直播时可以为观众带来良好的视觉体验。YY直播开启美颜功能操作如下。

步骤01 打开YY直播拍摄界面，点击"美颜"按钮 ，如图5-15所示。

步骤02 进入"美肤调节"选项面板，在面板中显示了自然、初夏、暖阳以及春日等特效，❶选择一个特效；❷左右拖曳滑块，即可调节美肤效果，如图5-16所示。

点击

图5-15　点击"美颜"按钮

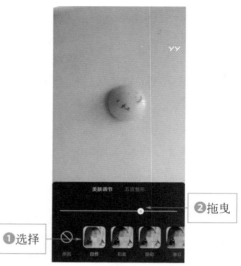

❷拖曳

❶选择

图5-16　调节美肤效果

步骤03　❶点击"五官整形"选项；❷选择"简易版"模式；❸在下方拖曳"整形"功能对应的滑块，即可调整主播在直播时脸部的"整形"效果，如图5-17所示。

步骤04　❶选择"精修版"模式，在下方显示了瘦脸、大眼、小脸、瘦鼻、下巴、嘴巴以及额头等多个美颜功能；❷选择相应的美颜功能；❸左右拖曳上方的滑块，调整相应参数即可设置美颜效果，如图5-18所示。

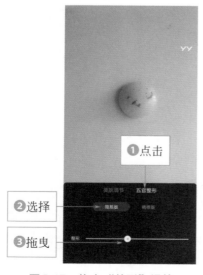

❶点击

❷选择

❸拖曳

图5-17　拖曳"整形"滑块

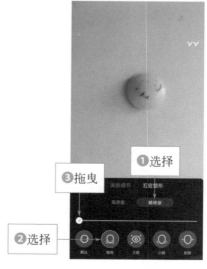

❶选择

❸拖曳

❷选择

图5-18　左右拖曳滑块

步骤 05 设置完成后，返回直播拍摄界面，选择开播模式后，点击"开始直播"按钮，即可自带美颜功能开始直播。

5.1.5 钉钉直播美颜功能

相对于前文所述的 4 款 APP 而言，"钉钉" APP 的直播美颜功能没有那么复杂，可以说是一键式美颜拍摄模式。下面介绍钉钉直播美颜功能的操作方法。

步骤 01 打开"钉钉" APP，❶点击底部"工作台"按钮 ⊞；❷在"安全复工"选项区中点击"群直播"按钮 ◉，如图 5-19 所示。

步骤 02 进入"选择群组"界面，选择一个群组，如图 5-20 所示。

图 5-19 点击"群直播"按钮　　　　图 5-20 选择一个群组

步骤 03 进入直播拍摄界面，选中"保存回放"单选按钮，可以在直播完成后回放直播内容，如图 5-21 所示。

步骤 04 点击"美颜"按钮 ◉，即可一键设置美颜拍摄效果，如图 5-22 所示。

步骤 05 设置完成后，返回直播拍摄界面，点击"开始直播"按钮，即可自带美颜功能开始直播。

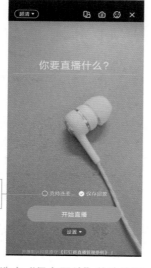

选中

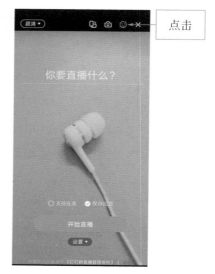

点击

图5-21　选中"保存回放"单选按钮　　　　图5-22　点击"美颜"按钮

5.2

主播成长：5大专业基本要素

要想成为一名具有超高人气的主播，专业能力是必不可少的。在竞争日益激烈的直播行业，主播只有提升自身的专业能力，才能在直播这条道路上走得更远。本节将详细介绍主播应具备的5大基本要素。

5.2.1　必不可少的专业能力

一名具有超高人气的主播，其专业能力主要体现在以下4个方面。

（1）才艺满满，耳目一新

首先，主播应该具备各种各样的才艺，让观众为之倾倒。才艺的范围十分广泛，主要的才艺有唱歌跳舞、乐器表演、书法绘画以及游戏竞技等。

只要你的才艺让观众觉得耳目一新，能够引起他们的兴趣，并因欣赏你的才艺在平台上消费，那么你的才艺就是成功的。

在各大直播平台上，有大量的主播，谁的才艺好，谁的人气自然就高。无论是什么才艺，只要是积极且充满正能量的、能够展示自己个性的，就会对主播的成长有益。

（2）言之有物，绝不空谈

主播想要得到观众的认可和追随，一定要有清晰、明确且正向的三观，这样说出来的话才会让观众信服。如果主播的观点既没有内涵，又没有深度，这样的主播是不会获得观众长久的支持的。

如何做到言之有物呢？首先，主播应树立正确的价值观，始终保持自己的本心，不空谈。其次，还要掌握相应的语言技巧。主播在进行直播时，必须具备3大语言要素：

① 亲切的问候语；

② 通俗易懂；

③ 流行时尚。

最后，主播要有自己独有的观点。只有这三者相结合，主播才能达到言之有物的境界，从而获得专业能力的提升。

（3）精专一行，稳打稳扎

俗话说，三百六十行，行行出状元。作为一名主播，想要成为直播界的"状元"，最基本的就是要精通一门技能。通常，一个主播的主打特色就是由他的特长支撑起来的。

比如，有人玩游戏的水平很高，那么他就专门做游戏直播；有人是舞蹈专业出身，并十分热爱舞蹈，于是他在直播中展示自己优美的舞姿；有人天生有一副好嗓子，于是他在直播中与人分享自己的歌声。

只要精通一门专业技能，行为谈吐接地气，那么获得可观的收入也就不是什么难事了。当然，主播还要在直播之前做足功课，准备充分才能将直播有条不紊地进行下去，最终获得良好的反响。

（4）挖掘痛点，满足需求

在主播培养专业能力的道路上，有一点极为重要，即聚焦观众的痛点。主播要学会在直播的过程中寻找用户最关心的问题和感兴趣的点，从而针对性地为用户带来有价值的内容。挖掘用户的痛点是一个长期的工作，但主播在寻找的过程中，必须要注意以下3点。

● 对自身能力和特点有充分了解，是为了认识到自己的优缺点。

● 对其他主播的能力和特点有所了解，对比他人，从而学习长处。

● 对观众心理有充分的解读，了解观众需求，然后创造对应的内容满足需求。

主播在创作内容的时候，要抓住观众的主要痛点，以这些痛点为标题，吸引观众关注，并弥补观众在生活中的各种心理落差，在直播中获得心理的满足。

观众的主要痛点有：安全感、价值感、自我满足感、亲情爱情、支配感、归属感以及不朽感等。

5.2.2 拥有良好的沟通能力

一个优秀的主播没有良好的语言表达能力，就如同一名优秀的击剑运动员没有剑，是万万行不通的。想要拥有过人的沟通能力，让观众舍不得错过直播的一分一秒，就必须从多个方面来培养。下面将告诉大家如何通过沟通赢得粉丝的追随和支持。

（1）注意思考：亲切沟通

在直播的过程中，与粉丝的互动是不可或缺的。但是聊天也不能口无遮拦，主播要学会三思而后言，切记不要太过鲁莽、口无遮拦，以免对粉丝造成伤害或者引起粉丝的不悦。

此外，主播还应避免说一些不利于粉丝形象的话语，在直播中学会与粉丝保持一定的距离，玩笑不能开大了，但又要让粉丝觉得你平易近人、接地气。那么，主播应该从哪些方面进行思考呢？笔者做了以下3个总结。

① 什么该说与不该说？

② 事先做好哪些准备？

③ 如何与粉丝亲切沟通？

（2）选择时机，事半功倍

主播需要挑对说话的时机。每一个主播在表达自己的见解之前，都必须要把握好粉丝的心理状态。

比如，对方是否愿意接受这个信息，又或者对方是否准备听你讲这个事情。如果主播丝毫不顾及粉丝心里怎么想，不会把握说话的时机，那么只会事倍功半，甚至做无用功。但只要选择好了时机，那么让粉丝接受你的意见还是很容易的。

打个比方，如果一个电商主播在购物节的时候跟粉丝推销自己的产品，并承诺给粉丝折扣，那么粉丝在这个时候应该会对产品感兴趣，并且会趁着购物节的热潮毫不犹豫地"买买买"。

总之，把握好时机是提高主播沟通能力的重要因素之一，只有选对时机，才能让粉丝接受你的意见，对你讲的内容感兴趣。

（3）懂得倾听，双向互动

懂得倾听是一个人最美好的品质之一，也是主播必须具备的素质。和粉丝聊天谈心，除了会说，还要懂得用心聆听。

例如，YY知名主播李先生就是主播中懂得倾听的典型。有一段时间，有粉丝评论他的直播内容有些无聊，没有有趣的内容，都看不明白在播什么。李先生认真倾听了用户的意见，精心策划了一场搞笑视频直播，赢得了几十万的点击量，获得了众多粉丝的好评。

在主播和粉丝交流沟通的互动过程中，虽然表面上看起来主播占主导位置，但实际上是以粉丝为主导。粉丝愿意看直播的原因就在于能与自己感兴趣的人进行互动，主播想要了解粉丝关心什么、想要讨论什么话题，就一定要认真倾听粉丝的心声和反馈。

（4）沟通竞赛，莫分高低

主播和粉丝交流沟通，要谦和一些，友好一些。聊天不是辩论比赛，没必要分出你高我低，更没有必要因为某句话或某个字眼而争论不休。

如果一个主播想借纠正粉丝的错误，或者发现粉丝话语中的漏洞这种行为，来证明自己的学识渊博、能言善辩，那么这个主播无疑是失败的。因为他忽略了最重要的一点，那就是直播是主播与粉丝聊天谈心的地方，不是辩论赛场，也不是相互攻击之处。主播与粉丝沟通时的诀窍，笔者总结为3点，即理性思考问题、灵活面对窘境以及巧妙指点错误。

沟通能力优秀与否，与主播的个人素质也是分不开的。因此，在直播中，主播不仅要着力于提升自身的沟通能力，同时也要全方位认识自身的缺点与不足，从而更好地为粉丝提供服务，成长为高人气的专业主播。

（5）理性对待，对事不对人

在直播中会遇到个别粉丝爱挑刺儿、负能量爆棚，又喜欢怨天尤人，有的更甚，会出现强词夺理说自己的权利遭到了侵犯的情况。这时候，就是考验主播沟通能力的关键时刻了。

有些脾气暴躁的主播也许会按捺不住心中一时的不满与怒火，将矛头指向个体，并给予其不恰当的人身攻击，这种行为是相当愚蠢的。

作为一名心思细腻、聪明灵巧的主播，应该懂得理性对待粉丝的消极行为和言论。那么，主要应从哪几个方面去做呢？笔者总结为3大点，即善意的提醒、明确自身不足之处以及对事不对人。

一位成功的主播，一定有他的过人之处。对粉丝的宽容大度和正确引导是主播培养沟通能力的过程中所必不可少的因素之一。当然，明确且正向的价值观也为主播的沟通内容增添了不少的光彩。

5.2.3　要善于利用幽默技巧

在直播中，颜值虽然能吸引一部分观众，但想要成为直播界的重量级人物，光靠颜值是远远不够的。

有人说，语言的最高境界就是幽默。拥有幽默口才的人不仅会让人觉得很风趣，还能折射出一个人的内涵和修养。所以，一个专业主播的养成，也必然少不了幽默技巧。

（1）收集素材，培养幽默感

善于利用幽默技巧，是一个专业主播成长的必修课。生活离不开幽默，就好像鱼儿离不开水，呼吸离不开空气。学习幽默技巧的第一件事情就是收集幽默素材。

主播要凭借从各类喜剧中收集而来的幽默素材，全力培养自己的幽默感，学会把故事讲得生动有趣，让观众忍俊不禁。观众是喜欢听故事的，而故事中穿插幽默则会让观众更加全神贯注，将身心都投入到主播的讲述之中。

例如，生活中很多幽默故事就是由喜剧的片段和情节改编而来。幽默也是一种艺术，艺术来源于生活而高于生活，幽默也是如此。

（2）抓住矛盾，摩擦火花

当主播已经有了一定的阅历，对自己的粉丝也比较熟悉，知道对方喜欢什么或者讨厌什么，就可以适当地调侃他讨厌的事物以达到幽默的效果。

要抓住事物的主要矛盾，这样才能摩擦出不一样的火花。主播在抓住矛盾、培养幽默技巧的时候，应该遵守哪些原则呢？笔者总结为6大点，即积极乐观、与人为善、平等待人、宽容大度、委婉含蓄、把握分寸。

总之，主播在提升自身的幽默技巧时也不能忘了应该遵守的相关原则，这样才能更好地引导用户，给用户带来高质量的直播。

（3）幽默段子，天下无敌

"段子"本身是相声表演中的一个艺术术语。随着时代的变化，它的含义不断拓展，也多了一些"红段子、冷段子和黑段子"的独特内涵，近几年频繁活跃在互联网的各大社交平台上。

幽默段子作为最受人们欢迎的幽默方式之一，得到了广泛的传播和发扬。微博、综艺节目、朋友圈里将幽默段子运用得出神入化的人比比皆是，这样的幽默方式也赢得了众多粉丝的追捧。幽默段子是吸引用户注意的绝好方法。主播想要培养幽默技巧，就需要努力学习段子，用段子来征服用户。

（4）自我嘲讽，效果甚佳

讽刺是幽默的一种形式，相声就是一种讽刺与幽默相结合的艺术。讽刺和幽默是分不开的，要想学得幽默技巧，就得学会巧妙地讽刺。

最好的讽刺方法之一就是自黑，这种方式既能逗粉丝开心，又不会伤了和气。因为粉丝不是亲密的朋友，如果对其进行讽刺或吐槽，很容易引起他们的反感和愤怒。比如，很多著名的主持人为了达到节目效果，经常会进行自黑，逗观众开心。

在现在很多直播中，主播也会通过这种自我嘲讽的方式来将自己"平民化"，逗粉丝开心。

自我嘲讽这种方法只要运用得恰当，达到的效果还是相当不错的。当然，主播也要把心态放正，将自黑看成是一种娱乐方式，不要过于认真。

5.2.4 随机应对粉丝的提问

成为一名优秀的主播，需要学会随机应变。在这种互动性很强的社交方式中，可能会有各种各样的粉丝向主播提问，这些活跃跳脱的粉丝多不胜数，提出的问题也是千奇百怪。

有的主播回答不出粉丝问题，就会插科打诨地蒙混过关。这种情况，一次两次粉丝还能接受，次数多了，粉丝就会怀疑主播是不是不重视自己或者主播到底有没有专业能力。因此，学会如何应对粉丝的提问是主播成长的重中之重。

（1）做好准备，充分应对

主播在进行直播之前，特别是与专业技能相关的直播，一定要准备充分，对自己要直播的内容做足功课。就如同老师上课之前要写教案备课一样，主播也要对自己的内容了如指掌，并尽可能地把资料备足，以应对直播过程中发生的突发状况。

例如，在章鱼TV上有一个名为"棋坛少帅"的主播专门教授大家下象棋。

由于象棋属于专业教学类的直播，而且爱好象棋的人数也有限，所以火热程度不如秀场直播、游戏直播那么多。但该主播十分专业，对用户提出的问题差不多都会给予专业性的回答，因此得到了一些象棋爱好者的喜欢和支持。

"棋坛少帅"之所以能赢得粉丝的认可，除了其出色的专业能力之外，还少不了他每期直播前所做的充分准备。如根据每期的特定主题准备内容、准备好用户可能提出的问题的答案等。充分的准备，就是"棋坛少帅"应对粉丝提问的法宝。

再比如，做一场旅行直播，主播可以不用有导游一样的专业能力，对任何问题都回答得头头是道，但也要在直播之前把旅游地点及其相关知识掌握好。这样才不至于在直播过程中一问三不知，也不用担心因为回答不出粉丝的问题而丧失人气。

主播每次做旅行直播前，都要对直播的内容做好充分的准备，如风景名胜的相关历史，人文习俗的来源、发展，当地特色小吃等。只有做了相关的准备，才能在直播的过程中有条不紊，对遇到的事物也能侃侃而谈，对当地的食物、风土人情更能介绍得详细具体。

（2）回答问题，客观中立

应对提问还会遇到另一种情况，回答热点评议的相关问题。不管是粉丝还是主播，都会对热点问题有一种特别的关注。很多主播也会借着热点事件，来吸引用户观看。这种时候，用户往往想知道主播对这些热点问题的看法。

有些主播为了吸引用户而进行炒作，故意做出"三观不正"的回答。这种行为是极其错误且不可取的，虽然主播的名气可能会因此在短时间内迅速上升，但其带来的影响是负面的、不健康的，粉丝会马上流失，更糟糕的是，未来发展也会受到影响。

主播切记不能因为想要快速吸粉就随意评价热点事件，因为主播的影响力要比普通人大得多，言论稍有偏颇，就可能会出现引导舆论的情况。

如果事实与主播的言论不符，会对主播产生很大的负面影响。这种做法是得不偿失的。

客观公正的评价虽然可能不会马上得到用户的大量关注，但只要长期坚持下去，形成自己独有的风格，就能凭借正能量的形象吸引更多的粉丝。

5.2.5　具备良好的心理素质

直播和传统的节目录制不同，传统节目要达到让观众满意的效果，可以通过后期剪辑来表现笑点和重点。因此，一个主播要具备良好的现场应变能力和丰厚的专业知识。

一个能够吸引众多粉丝的主播和直播节目，仅仅依靠颜值、才艺与口才是不够的。直播是一场无法重来的真人秀，就跟生活一样没有彩排。在直播的过程中，万一发生了什么意外，主播一定得具备良好的心理素质，才能应对种种情况。

（1）突然断讯，随机应变

信号中断，一般借助手机做户外直播时会发生。信号不稳定是十分常见的事情，有的时候甚至还会长时间没有信号。面对这样的情况，主播首先应该平稳心态，先试试变换下地点是否会连接到信号，如果不行，就耐心等待。

因为信息中断后，有的忠实粉丝会一直等候，所以主播要做好向粉丝道歉的准备，再利用一些新鲜的内容活跃气氛，再次吸引粉丝的关注。

例如，在美拍美食频道的主播"延边朝鲜族泡菜君"专门直播如何制作延边美食，他在直播的时候使用的设备是手机，因此常出现信号中断的问题。

有一次"延边朝鲜族泡菜君"在直播过程中信号突然中断，因为当天家里的 Wi-Fi 出现了故障，主播调整了 1 分钟 Wi-Fi 还是没能恢复正常。

为了让用户能够继续观看直播，记录美食的制作过程，该主播用数据流量播了近半个小时的直播。尽管这次直播耗费了主播不少流量，但粉丝都因他的行为感到很温暖。因为"延边朝鲜族泡菜君"坚持做完直播，就是为了给用户一个完整的体验，很好地照顾了粉丝的心情。

再如歌手李荣浩在一次直播中，手机欠费导致被迫下播，他马上充了话费重新开播，并打趣道："这次只能聊 100 块钱的了"。李荣浩展示了自己接地气和可爱的一面，使得他更受粉丝的喜爱和欢迎。这一"直播意外"还使得他上了微博热搜，吸引了不少粉丝。

李荣浩和"延边朝鲜族泡菜君"面对直播意外的反应值得每个主播学习，这样也避免了直播突然中断的尴尬，如果实在不行，就耐心等待，随后真诚地向粉丝道歉。

（2）冷静处理，打好圆场

各种各样的突发事件在直播现场是不可避免的。当发生意外情况时，主播一定要稳住心态，让自己冷静下来，打好圆场，给自己台阶下。

5.3
沟通技巧：提升带货和变现能力

在直播的过程中，主播如果能够掌握一定的沟通技巧，会获得更好的带货、变现效果。这一节就对5种直播话术进行分析和展示，帮助主播更好地提升自身的带货和变现能力。

5.3.1 量身定制欢迎语

当有用户进入直播间时，直播的评论区会显示进入信息。主播在看到进直播间的用户之后，可以对其表示欢迎。

当然，为了避免欢迎语过于单一，主播可以在一定的分析之后，根据自身和用户的特色来制定具体的欢迎语。具体来说，常见的欢迎语主要包括4种，如图5-23所示。

结合自身特色	如："欢迎 ××× 来到我的直播间，希望我的歌声能够给您带来愉悦的心情！"
根据用户的名字	如："欢迎×××的到来，看名字，您是很喜欢玩××××游戏吗？真巧，这款游戏我也经常玩，有空可以一起玩呀！"
根据用户的等级	如："欢迎 ××× 进入直播间，哇，这么高的等级，看来是一位'大佬了'，求守护呀！"
表达对忠实粉丝的欢迎	如："欢迎 ××× 回到我的直播间，差不多每场直播都能看到你，感谢一直以来的支持呀！"

图 5-23 常见的欢迎语

5.3.2 真诚表达感谢

当用户在直播中购买产品，或者给主播刷礼物时，主播可以对用户表示感谢，如图5-24所示。

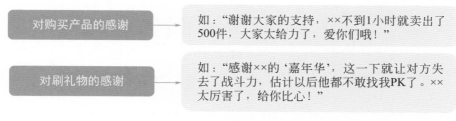

图5-24　常见的感谢语

5.3.3　提供选择主动提问

在直播间向用户提问时，主播要使用更能提高用户积极性的话语。主播可以从两个方面进行思考，具体如图5-25所示。

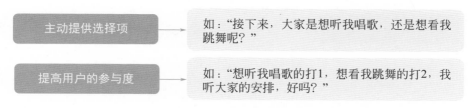

图5-25　常见的提问表述

5.3.4　引导语注意技巧

主播要懂得引导用户，根据自身的目的，让用户为你助力。对此，主播可以根据自己的目的，用不同的表达对用户进行引导，具体如图5-26所示。

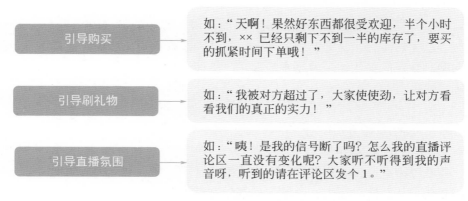

图5-26　常见的引导语

121

5.3.5　下播表述必不可少

每场直播都有下播的时候，当直播即将结束时，主播应该通过下播表述向用户传达信号，具体如图5-27所示。

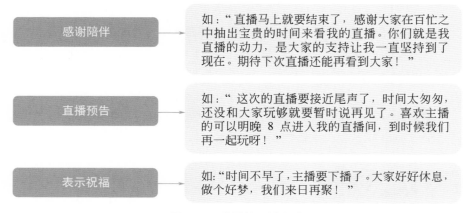

感谢陪伴　　如："直播马上就要结束了，感谢大家在百忙之中抽出宝贵的时间来看我的直播。你们就是我直播的动力，是大家的支持让我一直坚持到了现在。期待下次直播还能再看到大家！"

直播预告　　如："这次的直播要接近尾声了，时间太匆匆，还没和大家玩够就要暂时说再见了。喜欢主播的可以明晚 8 点进入我的直播间，到时候我们再一起玩呀！"

表示祝福　　如："时间不早了，主播要下播了。大家好好休息，做个好梦，我们来日再聚！"

图 5-27　常见的下播表述

5.4
内容为王：解决主播和观众的需求

直播首先是一种内容呈现形式，因而在内容方面的呈现就显得尤为重要。那么，怎样的内容才是好的内容呢？从主播和观众来说，能满足主播的营销需求和满足观众的关注需求才是本质要求。下面将从直播的内容出发，对直播营销进行阐述。

5.4.1　内容模式从两个方面着手

随着视频直播行业的发展，内容的模式基于主播和观众的需求而发生了巨大的变化，从而使直播内容的准备和策划方面的关注点也发生了明显变化：要求明确内容的传播点和注意内容的真实性。

只有这样，才能策划和创作出更好的、更受观众关注的直播内容。

下面将从上述两个方面的要求进行具体介绍。

（1）明确内容，找传播点

最初开始直播时，很多主播选择的内容模式都比较倾向于个人秀和娱乐聊天，当直播迅速发展、竞争加剧，此时就有必要对直播内容有一个明确的定位，并选择一个可供观众理解和掌握的直播内容传播点。也就是说，在直播过程中，要有一个类似文章中心思想的东西存在，而不能只是胡谈乱侃。

直播内容的传播点，不仅能凝聚一个中心，把所要直播的观点和内容精练地表达出来，还能让观众对直播有一个清晰的认识，有利于主播知名度和形象的提升。

一般来说，所有的直播都是有一个明确的信息传播点的，只是这个传播点在选择的方向上有优劣之分。好的信息传播点，如果在直播策划中和运行中有一个明确的呈现，那么直播也就成功了一半。

图5-28 直播行进过程

（2）在直播时，必须真实

直播是向观众展示各种内容的呈现形式，虽然其是通过虚拟的网络连接了主播和观众，但从内容上来说，真实性仍然是其本质要求。

当然，这里的真实性是一种建立在发挥了一定创意基础上的真实。直播内容要注意真实性的要求，为观众呈现能与其产生共鸣的直播内容，表现真实的信息和真实的情感，这样才能达成吸引和打动观众的传播目标。

作为直播内容必要的特质，真实性在很多直播中都体现了出来，在此以一个户外美食节目——《一鸣游记》为例进行介绍。《一鸣游记》是花椒直播平台上推出的节目，全程直播主播在各地的旅游经历。

在这一直播节目中，不仅会直播行进过程，如图5-28所示，还会在直播中呈现旅游目的地的风景、人文，如图5-29所示。另外，主播在直播过程中，还会对旅游所见、所感进行描述。可以说，观

图5-29 直播目的地景观

众能感受到直播内容的真实，就好像自身也同主播一起经历了这次旅行一样。

5.4.2 内外联系选择正确的方向

在视频直播发展迅速的环境下，为什么有些直播节目关注的观众数量非常之多，有些直播节目关注的观众又非常少，甚至只有几十人？其实，最主要的原因有两个方面，一是对内的专业性，二是对外的用户兴趣。

这两个原因之间是有着紧密联系的，在直播中相互影响，互相促进，最终推进直播行业的发展，下面笔者将这两个原因分别加以详细介绍。

（1）从内来看，专业技能

就目前视频直播的发展而言，个人秀场是一些新人主播和直播平台最初的选择，也是最快和最容易实现的直播模式。

在这样的直播时代环境中，平台和主播应该怎样发展并达到其直播内容的专业性要求呢？关于这一问题，可以从两个角度考虑：

① 基于直播平台专业的内容安排和主播本身的专业素养，直播主播自己擅长的内容；

② 基于用户的兴趣，从专业性角度来对直播内容进行转换，直播观众喜欢的专业性内容。

主播在平台选择直播的内容方向时，可以基于现有的平台内容和观众而延伸发展，创作用户喜欢的直播内容。

在直播中，用户总会表现出倾向某一方面喜好的特点，然后主播就可以从这一点出发，找出具有相关性或相似性的主题内容，这样就能在吸引平台用户注意的同时，增加用户黏性。

例如，一些用户喜欢手工艺品，那么，这些用户就极有可能对怎样制作那些好看的手工艺品感兴趣，因而可以考虑推出与这方面专业技能相关的直播节目和内容，吸引这些用户的关注。

与手工相关的内容非常多，主播既可以介绍手工的基础知识和历史，也可以教用户边欣赏边做，还可以从手工制作领域的某一个点出发来直播。图5-30所示为抖音平台某手工艺人所创作内容。

（2）从外来看，迎合兴趣

直播是用来展示给观众观看的，是一种对外的内容表现方式。因此，在策划和考虑直播时，最重要的不仅是其专业性，还有其与用户兴趣的相关性。一般说来，用户感兴趣的信息主要包括3类，具体如图5-31所示。

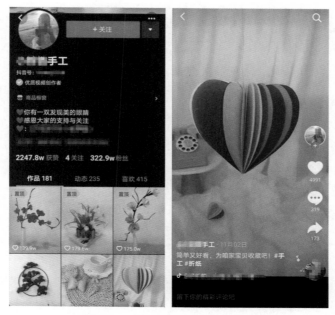

图 5-30　某手工艺人的创作截图

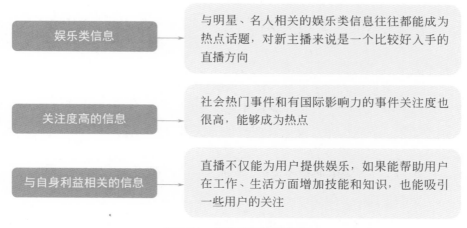

娱乐类信息	→	与明星、名人相关的娱乐类信息往往都能成为热点话题，对新主播来说是一个比较好入手的直播方向
关注度高的信息	→	社会热门事件和有国际影响力的事件关注度也很高，能够成为热点
与自身利益相关的信息	→	直播不仅能为用户提供娱乐，如果能帮助用户在工作、生活方面增加技能和知识，也能吸引一些用户的关注

图 5-31　用户感兴趣的信息

　　从图 5-31 中的 3 类用户感兴趣的信息出发来策划直播内容，这为用户观众注意力提供了基础，也为节目的直播增加了成功的筹码。

　　除此之外，还可以把用户的兴趣爱好考虑进去。如女性用户一般会对一些综艺节目感兴趣，而男性用户往往会对球类、游戏感兴趣，基于这一考虑，直播平台上关于这些方面的直播内容往往就比较多，如图 5-32 所示。

图 5-32 与用户兴趣爱好相符的直播内容举例

5.4.3 巧妙地呈现产品更为具体

利用直播进行营销，最重要的是要把产品销售出去，因此，在直播过程中要处理好产品与直播内容的关系。在直播中进行营销的目的是把产品销售出去，因此既不能不讲产品，也不能一味地讲产品。

因为如果全程只介绍产品会减弱直播的吸引力，而完全不介绍产品又会忽略营销本质，所以主播在直播时须巧妙地在直播全过程中结合产品主题，意在全面呈现产品实体，及鲜明地呈现产品组成，最终实现营销。

（1）全面呈现，产品实体

要想让观众接受某一产品并购买，首先应该让他们全面了解产品，主播先让观众有一个直观感受再进行产品的内部详解。

因此，在直播过程中，主播一方面需要把产品放在旁边能看见的地方，或是在讲话或进行某一动作时把产品展现出来，让观众能看到产品实物。

如图 5-33 所示，为一期关于摄影书营销推广的直播节目，在直播过程中，作者"构图君"有时借助翻动书本的动作把书展现出来，有时聊到相关的话题就把产品展示出来。

　　另一方面，主播需要在直播中植入产品主题内容，或是在直播中把产品的特点展示出来。

　　图5-34所示为直播中的野生板栗封面图，既展示了产品主题内容——"野生板栗香脆甜"，又利用视频直观地展示了产品特点。

图5-33　直播中的产品展示　　　　　图5-34　直播中的产品主题内容和特点展示

　　另外，为了更高效地营销，一般还会在直播的屏幕上，对其产品列表、价格和链接进行标注，或是直接展现购物车图标，以方便观众购买。例如，在淘宝某直播间点击左下角上架的商品链接，即可跳转至该商品的购买页面，如图5-35所示。

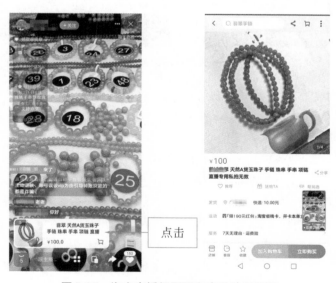

图5-35　淘宝直播间页面和商品购买页面

（2）鲜明呈现，产品组成

在视频直播中，不同于实体店，观众要产生购买的欲望，应该有一个逐渐增加信任的过程。而鲜明地呈现产品组成，既可以让观众更加全面地了解产品，又能让观众在了解的基础上建立起信任，从而放心购买。

关于呈现产品组成，可以是书籍产品的精华内容，也可以是其他产品的材料构成展示，如食物的食材、产品内部展示等。图5-36所示为某家玉石珠宝店在直播中的玉石成品展示和玉石原材料展示。

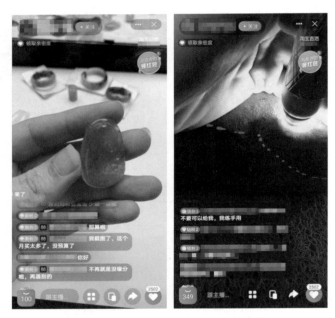

图5-36　直播中的玉石成品和原材料展示

5.4.4　展示产品的优势打动用户

一般来说，用户购买某一产品，首先考虑的应该是产品能给他们带来什么样的助益，即产品能影响到用户的哪些切身利益。

假设某一产品在直播过程中所突出体现的产品功能能让用户感到是于自己有益的，就能打动用户并激发他们购买，实现营销目标。

而在突出产品功能和给用户带来的改变这一问题上，直播营销主要是从两方面来实现的，一是利用直播文案来呈现产品优势，二是通过实际使用来证明其优势和功能，具体内容如下。

（1）利用文案，体现优势

就直播文案而言，展现产品优势和产品给用户带来的改变，目的是让观众有一个观看前的认知。带着特定的认知去关注，可以更清晰地从视频直播中找到产品优势所在。通过文案的方式展现直播产品的功能和优势，主播在直播时也可以采取这种方式吸引观众，如图5-37所示。观众在看到这样的文案后，点击文案下方提供的商品链接或者点击"进店"按钮，即可进入相应的直播间观看直播内容。

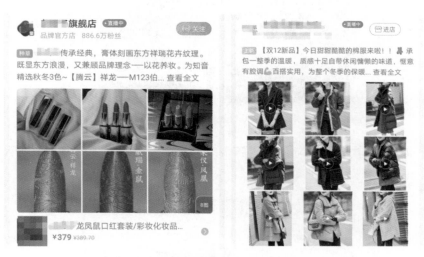

图5-37　利用文案展示直播产品的功能和优势

（2）实际使用，更为直观

在给观众展现产品时，视频直播与其他内容形式最大的不同就在于它可以更清楚、直观地让观众通过肉眼观察到产品所能给人带来的变化，而不再只是利用单调的文字对改变做出描述。

虽然，文字写得好，仿佛把物体和景物栩栩如生地呈现在读者面前。但是，在读者脑海中通过文字描述构筑的画面和呈现在眼前的实际画面还是存在一定差距的，这就是文字与视频的区别。

因此，在视频直播中，展示实际使用产品所呈现的变化，可以更好地让观众感受产品的真实使用效果。

这种直播内容的展现方式在服装和美妆产品中比较常见，例如服装穿在人身上所直观呈现出来的感觉。图5-38所示为主播穿上不同款式的服装时所带来的视觉变化。

图5-38 主播穿上不同款式的服装时所带来的视觉变化

又如，美妆产品在实际使用后所带来的改变。图5-39所示为主播展示在手上使用眼影的效果。

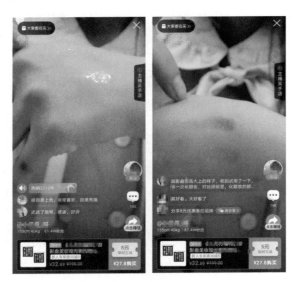

图5-39 主播在手上实际使用眼影的效果展示

在直播中，美妆节目所呈现出来的主题内容不仅突出了产品的优势，而且还教会了用户化妆的技巧。因此极有可能吸引众多感兴趣和有需求的用户关注，从而为线上店铺带来惊人的流量。

因此，在直播中，一定要将产品的优势和功能尽量地在短时间内展示出来，让用户看到产品的独特魅力所在，这样才有机会有效地实现营销目的。

5.4.5 让用户参与直播间的活动

在直播圈中，UGC已经成为一个非常重要的概念，占据着非常重要的地位，影响着整个直播领域的内容发展方向。UGC，即User Generated Content，意为用户创造内容。在直播营销里，UGC主要包括两个方面的内容，具体如图5-40所示。

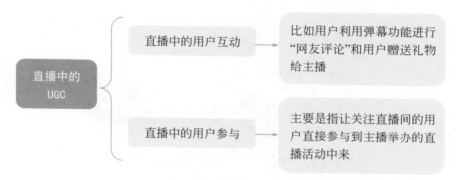

图5-40　直播中的UGC

其中，让用户直接参与到举办的直播活动中来，是直播获得成功最重要的元素之一。在直播的发展大势中，让用户参与内容生产，才能更好地丰富直播内容，才能实现直播的长久发展。

要让用户参与到直播中来，并不是一件简简单单的事，需要具备两个必要的条件才能完成，即优秀的主播和完美的策划。

在具备了上述两个条件的情况下，基于直播潮流的兴起，再加上用户的积极配合，策划一场内容有趣、丰富且受欢迎的直播也就不算难了。

在直播过程中，用户是直播主体之一，缺失了这一主体，直播不仅会逊色很多，甚至有可能导致直播目标和任务难以完成。

5.4.6 邀请高手增添直播的趣味

在视频直播平台上，除了那些经过经纪公司专业培训的主播和娱乐明星等主持直播的节目外，一般还包括另一类人士的直播节目，那就是邀请一些具有某一技能或特色的民间高手来做直播，这也是一些直播在网络上比较火的原因之一。

所谓"高手在民间"，在直播平台所涉及的各领域中，总会有众多在该领域有着突出技能或特点的人。直播平台可以邀请相关人士做直播，这样一方面可以丰富平台内容、打造趣味内容；另一方面民间高手的直播，无论是风格还是内容上，与平台培训的主播和明星直播都是迥然不同的，这必然会吸引平台观众的注意。

在现有的视频直播行业中，还是有着许多这样的案例存在的，无论是在知名的直播平台上，还是企业自身推出的直播中，都不乏其例。

例如，在千聊直播平台上，就有众多民间高手入驻，与千聊合作推出直播节目，这些节目不仅有免费的、限时特效付费的，还有开通会员即可免费的，可供有着不同需求的观众选择，如图5-41所示。

图5-41　千聊直播节目

除此之外，还有一些微信公众号或电商运营账号的企业和商家，他们大都是利用自身现有的资源来打造直播节目和内容的。虽然他们的直播节目可能还存在一些需要改善的问题，但是他们的直播内容是根据自身的实践、思考和感悟来写就的，体现出更强的真实性和趣味性。

图5-42所示为微信公众号"玩转手机摄影"线上课堂"玩摄学院"的微课直播内容；图5-43所示为电商平台京东推出的直播内容。

图 5-42 "玩转手机摄影"线上课堂微课直播内容　　图 5-43 京东推出的直播内容

另外，还有一些知名的品牌和企业，利用各种平台，通过邀请民间高手或艺术大师等进行直播，这也是打造趣味直播内容以增加企业和品牌吸引力，从而提升其影响力的一种方式。

5.4.7 提供增值让用户自愿购买

很多优秀的企业在直播时并不是光谈产品，要让用户心甘情愿地购买产品，最好的方法是通过产品向用户提供与其软需相关的增值内容。

这样一来，用户不仅获得了产品，还收获了与产品相关的知识或者技能，自然是一举两得，购买产品也会毫不犹豫。那么，增值内容方面应该从哪几点入手呢？笔者将其大致分为3点：用户共享；陪伴和共鸣；从直播中学到知识。下面将分别对这3个方面的增值内容进行介绍。

（1）用户共享，提升好感

在信息技术发达的今天，共享已经成为信息和内容的主要传播形式，可以说，几乎没有什么信息是以独立而不共享的形式存在的，共享已经成为存在于社会中的人交流的本质需求。

信息共享表现在多方面，如信息、空间和回忆等，且当它们综合表现在某一领域时可能是糅合在一起的，如空间与信息、空间与回忆等。因此，对于直播而言也是如此，它更多地表现为一种在共享的虚拟范围空间扩大化的信息。

一般来说，当人们取得了某一成就，或是拥有了某一特别技能的时候，总是想要有人能分享他的成功或喜悦，因而，共享也成为人的心理需求的一部分。而直播就是把这一需求以更广泛、更直接的方式展现出来：主播可以与观众共同分享自己别样的记忆，或是一些难忘的往事等。

当直播与营销结合在一起时，只要能很好地把产品或品牌融合进去，那么观众自然而然地会被吸引而沉浸在其中，营销也就成功了。

可见，在直播中为用户提供共享这一软需的产品增值内容，可以很好地提升用户对产品或品牌的好感，更好地实现营销目标。

（2）陪伴共鸣，增强黏性

直播不仅是一种信息传播媒介和新的营销方式，还是一种实时互动的社交方式，这可以从其对用户的影响全面地表现出来。人们在观看直播的时候，就好像在和人进行面对面交流，这就使用户感受到陪伴的温暖或产生共鸣，具体影响如下。

① 让用户忘掉独处的孤独感。

② 让用户有存在感和价值感。

而直播作为一种新的营销方式，如果在其固有的陪伴和引发的共鸣的基础上加以发挥，把陪伴、共鸣与产品结合起来，那么用户也将更清晰地感受到这一事实，这样就能更有效地引起关注和增加用户黏性。

（3）边播边做，学到知识

最典型的增值内容就是让用户从直播中获得知识和技能。比如天猫直播、淘宝直播、聚美直播在这方面就做得很好。一些利用直播进行销售的商家纷纷推出产品的相关教程，给用户带来更多与软需相关的增值内容。

例如，淘宝直播中的一些美妆类的主播，一改过去长篇大论介绍化妆品的老旧方式，直接在镜头面前展示化妆过程，边化妆边介绍产品。

在主播化妆的同时，用户还可以通过弹幕向其咨询化妆的相关疑问，比如"油性大的皮肤适合什么护肤产品""皮肤黑也能用这款BB霜吗""这款口红适合什么肤色"等，主播也会为用户耐心解答。

其实，不仅是化妆产品如此，其他方面的电商产品直播营销也可照此进行，就直播主题内容中的一些细节问题和产品相关问题进行问答式介绍。这样的做法，相较于直白的陈述而言，明显是有利于用户更好地、有针对性地记住产品的。

这样的话，用户不仅仅通过直播得到了产品的相关信息，而且还学到了护肤和美妆的窍门，对自己的皮肤也有了比较系统的了解。用户得到优质的增值内容自然就会忍不住想要购买产品，直播营销的目的也达到了。

5.4.8　CEO上阵让用户更为期待

自从直播火热以来，各大网红层出不穷，用户早已对此感到审美疲劳。而且部分网红的直播内容缺乏深度，只是一时火热，并不能给用户带来什么用处。

因此，很多企业使出了让CEO亲自上阵这一招，CEO本身就具有吸引力，再加上对产品有专业性的了解，这也让用户对直播有了更多的期待。

当然，一个CEO想要成为直播内容的领导者，也是需要具备一定的条件的。笔者将其总结为3点，如图5-44所示。

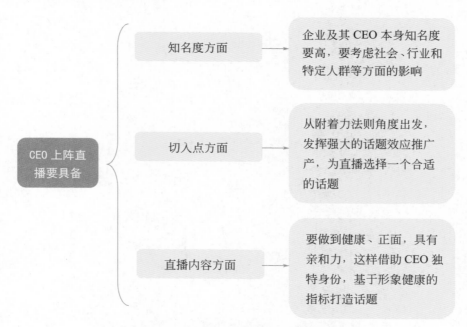

图5-44　CEO上阵直播要具备的条件解读

CEO上阵固然能使得内容更加专业，可以吸引更多用户关注，但同时也要注意直播中的一些小技巧，让直播内容更加优质。

美化篇

第6章
封面设计：
提升封面图点击率

在许多直播平台中，用户看一个直播时，首先看到的是该直播的封面。

因此，对于直播运营者来说，设计一个抓人眼球的封面尤为重要，毕竟封面图设置好了，能吸引更多用户点击查看你的直播。

做好封面：让你的直播间人气不再是难题

封面对于一个主播来说至关重要，因为许多用户都会根据封面呈现的内容，决定要不要点击查看直播的内容。那么，如何为直播选择最佳的封面图片，让直播间增长人气呢？笔者认为大家重点可以从5个方面进行考虑，这一节就分别进行解读。

6.1.1 封面必须要符合直播平台的规则

许多直播平台都有自己的规则，有的直播平台甚至将这些规则整理成文档进行展示。任何运营都要遵守规则。对于直播运营者来说，要想更好地运营直播账号，就应该遵循平台的规则。

通常来说，各直播平台中会通过规则的制定，对直播运营者在平台上的各种行为进行规范。直播运营者可以从规则中找出与直播封面相关的内容，并在选择直播封面时将相关规则作为重要的参考依据。

以抖音直播平台为例，它制定了"'抖音'用户服务协议"，该协议包含的内容比较丰富。直播运营者在制作直播封面时，可以重点参考该协议中5.2.3节（即在抖音中不能制作、复制、发布和传播的内容）和第6节（即"抖音"信息内容使用规范）的相关内容，具体如图6-1、图6-2所示。

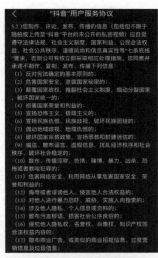

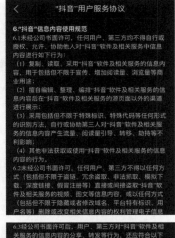

图6-1 在抖音中不能制作、复制、发布和传播的信息

图6-2 "抖音"信息内容使用规范

6.1.2 遵循清晰、易懂、高品质的原则

各位主播在设计直播间的封面照片时，图片背景不宜太过杂乱，主图图片不宜模糊不清，要画质清晰、构图合理；图片内容可以是主播的照片或者与主题有关，要让人能一眼看懂直播的内容是什么；主图图片内容要简洁、主题要明确，不宜五花八门、种类繁杂，内容尽量要显得高级有品质些。图6-3所示为符合以上所述的清晰、易懂和高品质3个原则的直播间封面图，主播们在设计直播间封面照片时可以以此作为参考。

图6-3 符合3个原则的直播间封面参考图

6.1.3 展现直播内容和标题的关联性

如果将一个直播比作一篇文章，那么，直播的封面相当于文章的标题。所以，在选择直播封面时，一定要考虑封面图片与直播的关联性。如果你的直播封面与直播内容的关联性太弱了，那么，就像是写文章时有"标题党"的嫌疑，或者是让人觉得文不对题。在这种情况下，用户看完直播之后，自然会生出不满情绪，甚至会产生厌恶感。

其实，根据与内容的关联性选择直播封面的方法很简单，运营者只需要根据直播的主要内容选择能够代表主题的文字和画面即可。

图6-4所示为一个花坊店铺的直播封面。这个封面在与内容的关联性方面就做得很好，它的标题直接表明为"盆景摆件"，封面主图和两张副图放的正是各式各样的盆栽，直接与标题相对应。这样一来，直播用户看到封面之后就对这个直播间要展示的内容有了清晰准确的了解，然后根据自己的需求进行选择。这种一目了然的直播封面是深受大众喜爱的。

盆景摆件, 优惠多多

图6-4 花坊店铺的直播封面

外表的包装总是能影响一个人的第一印象, 美的事物总是更能抓人眼球, 人们对于美的事物都更具有好感, 因此好看的封面更能吸引用户的点击。那么什么样的封面更能吸引人呢? 直播间的封面具体应该怎么设置? 接下来给大家介绍一下常见的直播封面类型。

第一种为自拍或者个人写真, 如图6-5所示。这样的封面一般适合秀场主播、美妆主播等, 这一类型的封面图可以让用户直接通过封面就能选择主播, 有利于用户对喜欢的主播的选择以及直播间的点击。

图6-5 用个人写真作为直播封面

第二种是游戏的画面，通常为游戏直播的封面，如图6-6所示。

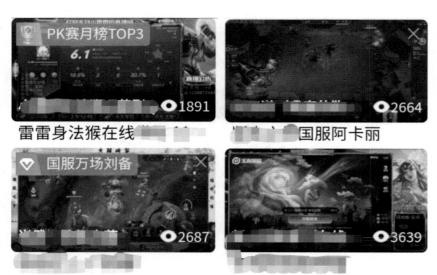

图6-6　用游戏的画面为直播封面

第三种为游戏的海报，或者动漫人物的海报，如图6-7所示。这类封面涉及的游戏多为带有二次元属性的游戏，或者主机游戏，甚至是一些动漫衍生的手游，这一类型的封面在哔哩哔哩直播平台上更为常见。

第四种对于绘画类的直播可以直接用作品作为封面，如图6-8所示，这样更有利于让观众了解你的画风以及绘画水准，吸引爱好者观看。

图6-7　用动漫人物为直播封面

图6-8　用绘画作品为直播封面

第五种为电商类的直播封面，重点通常要展示你的产品。带货主播需要展示产品，这样才能让用户知道你所带货的产品是什么，可以是美妆产品、服装产品等。如果是美妆带货的主播，直播间的封面通常是选择妆后的照片，一般为个人写真或者个人自拍照。以"蘑菇街购物台"为例，该小程序的直播封面通常为主播的照片加上带货的商品，如图6-9所示。

图6-9 用主播照片加带货商品作为直播封面

总的来说，直播封面的类型有5种，接下来笔者以图解的方式呈现出来，方便大家更好地理解，如图6-10所示。

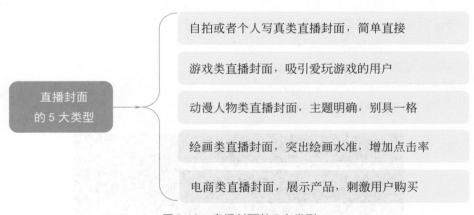

	自拍或者个人写真类直播封面，简单直接
	游戏类直播封面，吸引爱玩游戏的用户
直播封面的5大类型	动漫人物类直播封面，主题明确，别具一格
	绘画类直播封面，突出绘画水准，增加点击率
	电商类直播封面，展示产品，刺激用户购买

图6-10 直播封面的5大类型

不同类型的直播封面有不同的风格特色。上面我们介绍了直播封面的5大类型，那么应该怎样根据各自的账号风格特点进行封面设计呢？怎样才能使主播获得更多的粉丝，增加主播间的人气？还有哪些地方是值得注意的？下一小节将一一为大家讲述。

6.1.4　小心设计直播封面图避免错误

制作直播封面的过程中，有一些需要特别注意的事项。笔者从中选取了 5 个方面的内容，为大家进行重点说明。

（1）尽量使用原创符号

这是一个越来越注重原创的时代，无论是直播，还是直播的封面，都应该尽可能体现原创。这主要是因为，人们每天接收到的信息非常多，而对于重复出现的内容，大多数人都不会太感兴趣。所以，如果你的直播封面不是原创的，那么，用户可能会根据直播封面判断其对应的直播已经看过了。这样一来，直播的点击率难以得到保障。

当然，为了更好地显示直播封面的原创性，直播运营者还可以对直播封面进行一些处理。比如，可以在封面上加上一些可以体现原创的文字，如原创、自制等。这些文字虽然是对整个直播的说明，但用户看到之后，也能马上明白包括封面在内的所有直播内容是你自己做的。

（2）带有超级符号标签

超级符号就是一些在生活中比较常见的、一看就能明白的符号。比如，红绿灯就属于一种超级符号，大家都知道"红灯停，绿灯行"。又比如一些知名品牌的标志，我们只要一看就知道它代表的是哪个品牌。

相对于纯文字的说明，带有超级符号的标签，封面在表现力上会更强，也更能让用户快速把握重点信息。因此，在制作直播封面时，直播运营者可以尽可能地使用超级符号来吸引用户的关注。

图 6-11 所示为一个京东直播的开播封面，该直播的封面中就是用京东的标志——"京东狗"这个超级符号，来吸引用户的目光的。

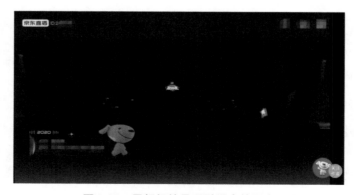

图6-11　用超级符号吸引用户的目光

（3）有效传达文字信息

在直播封面的制作过程中，如果文字说明运用得好，就能起到画龙点睛的作用。然而，现实却是许多直播运营者在制作直播封面时，对于文字说明的运用还存在各种各样的问题。这主要体现在两个方面。

一是文字说明使用过多，封面上文字信息占据了很大的版面，如图6-12所示。这种文字说明方式，不仅会增加用户阅读文字信息的时间，而且文字说明已经包含了直播要展示的全部内容，用户看完封面之后，甚至都没有必要再去查看具体的直播内容了。

图6-12　文字说明运用存在问题的直播封面

二是在直播封面中干脆不进行文字说明。这种文字说明方式虽然更能保持画面的美观，但是不利于观众想象。

（4）强化视觉色彩效果

人是视觉动物，越是鲜艳的色彩，通常就越容易吸引人的目光。因此，直播运营者在制作封面时，应尽可能让物体的颜色更好地呈现出来，让整个直播封面的视觉效果更好一些。

图6-13所示为两段美食制作视频的封面图。如果将这两个图作为直播的封面，右侧的封面对用户的吸引力会强一些。这主要是因为左侧的封面在拍摄时光线有些不足，再加上画面中的食物的颜色经过烹制之后，出现了变化，导致其色彩不够鲜艳。而右侧的封面，光线很足，颜色丰富、色泽饱满，肉上点缀着的少许葱粒使其看上去更为美观，视觉效果更好。

图6-13　两段视频的封面图

（5）注意图片尺寸大小

在制作直播封面时，一定要注意图片的大小。如果图片太小了，呈现出来的内容可能会不太清晰。遇到图片不够清晰的情况，直播运营者最好重新制作图片，甚至是重新拍摄，因为画面的清晰度将直接影响用户对封面图片和直播内容的感受。

专家
提醒

一般来说，各大直播平台对于直播封面图片的大小都有一定的要求。例如，抖音直播封面图片分辨率的要求为540px×960px。在制作直播封面时，直播运营者只需根据平台的要求选择图片即可。

6.1.5　制作"高大上"的直播封面图

因为大多数用户会根据直播封面决定是否查看直播内容。所以，主播在制作直播封面时，一定要尽可能地让自己的直播封面看起来更加的"高大上"。

许多主播在制作直播封面时，并不是直接从拍摄的直播画面中选取封面。对于这一部分主播来说，掌握封面的基本调整方法就显得非常关键了。

其实，许多APP都可以帮助主播更好地调整直播间的封面图。直播平台一般也提供多种滤镜特效，使用滤镜能够全方位衬托主播的靓丽容颜，而一张好的封面图能吸引更多的用户前来观看。以"美图秀秀"APP为例，其包含的抠图、背景虚化和光效功能就能很好地帮助主播制作直播封面。

（1）抠图

当主播需要将某个画面中的一部分，如画面中的人物，单独拿出来制作直播封面时，就可以借助"美图秀秀"APP的"抠图"功能，把需要的部分"抠"出来。在"美图秀秀"APP中使用"抠图"功能的具体操作步骤如下。

步骤01 打开"美图秀秀"APP，点击默认界面中的"图片美化"按钮，如图6-14所示。

步骤02 进入"最近项目"界面，选择需要进行抠图的照片，如图6-15所示。

图6-14 点击"图片美化"按钮

图6-15 选择需要抠图的照片

步骤03 进入照片处理界面，点击下方的"抠图"按钮，如图6-16所示。

步骤04 进入抠图界面，❶选择"一键抠图"选项；❷然后根据提示选择并拖曳照片中需要的部分，便可以直接进行抠图，如图6-17所示。

步骤05 抠图完成之后，只需点击界面中的 ✔ 按钮，即可返回上一个界面；点击"保存"按钮，即可将封面照片保存导出。

图6-16 点击"抠图"按钮　　　　图6-17 "一键抠图"界面

　　图6-18所示为原片和进行了抠图合成之后的照片效果。对比之下不难发现，将人物重点取出，重新导入你所需要的背景模板，更能体现出人物自身的风格特色。这一操作常常用于直播封面的制作中。

　　　　原片　　　　　　　　抠图合成后的照片

图6-18 抠图处理的前后对比

（2）背景虚化

　　有时候主播在制作直播封面时，需要重点突出画面中的部分内容。比如，需要重点展现人物的穿搭、妆容等。此时，便可以借助"背景虚化"功能，通过虚化不重要的部分，来突出显示画面中的重要部分。在"美图秀秀"APP中使用"背景虚化"功能的具体操作步骤如下。

步骤01 打开"美图秀秀"APP，点击默认界面中的"图片美化"，进入"最近项目"界面，选择需要进行背景虚化的照片。

步骤02 进入照片处理界面，点击下方的"背景虚化"按钮，如图6-19所示。

步骤03 进入背景虚化处理界面，主播可以在该界面中选择不同的背景虚化模式。"美图秀秀"APP提供了3种背景虚化模式，即智能、图形和直线，如图6-20所示。直播运营者只需根据自身需求进行选择和设置即可。

图6-19 点击"背景虚化"按钮

背景虚化模式

图6-20 背景虚化处理界面

图6-21 背景虚化处理后的照片

步骤04 背景虚化处理完成之后，只需点击界面中的 ✔ 按钮，即可返回上一个界面；点击"保存"按钮，即可将封面照片保存导出。图6-21所示为进行了背景虚化的照片，经过背景虚化之后，画面中的重点部分，即人物的身体更容易成为视觉焦点。

专家
提醒

背景虚化功能常用于需要重点突出人物或需要模糊处理背景的情况，该操作简单易上手。

（3）光效

部分主播在拍摄直播或封面的时候，可能光线比较暗淡，这样拍出来的直播画面或封面必然会亮度不足。在遇到这种情况时，直播运营者可以借助"美图秀秀"APP的"光效"功能，让画面或照片"亮"起来。在"美图秀秀"APP中使用"光效"功能的具体操作步骤如下。

步骤01 打开"美图秀秀"APP，点击默认界面中的"图片美化"，进入"最近项目"界面，选择需要进行光效处理的照片。

步骤02 进入照片处理界面，点击下方的"调色"按钮，如图6-22所示。

步骤03 进入"光效"处理界面，在该界面中可以通过智能补光、亮度、对比度和高光等设置，对照片的光效进行调整，如图6-23所示。

图6-22　点击"调色"按钮

图6-23　"光效"处理界面

图6-24　光效处理后的照片

步骤04 光效处理完成之后，只需点击界面中的 ✔ 按钮，即可返回上一个界面；点击"保存"按钮，即可将封面照片保存导出。

图6-24所示为进行了光效处理的照片，可以看到，经过光效处理之后，图片明显变得明亮了，"颜值"也得到了提高。

6.2
封面拍摄：让直播流量翻倍的拍摄技巧

直播封面图以人像为主，一张好看的人像封面可以吸引用户的目光，增加直播间的点击率。因此，如何拍摄一张好看的人像封面照片是很多直播运营者急切希望学会的。

人像的拍摄可以从几个点着手，首先确定拍摄角度，而后确定拍摄的构图，最后摆好姿势。在人像摄影中，还可以增加一些道具来使画面更加生动。

6.2.1 为何别人拍的封面那么美

很多时候，我们总是觉得其他直播间的主播拍出的封面非常漂亮，自己怎么拍也总是不尽如人意。其实，大家应该学会从不同角度去观察所要拍摄的人物，寻找最佳的拍摄角度，拍出令人耳目一新的照片。

人像封面角度构图拍摄包括横画幅拍法、竖画幅拍法、俯拍法以及仰拍法等，下面对这4种角度构图拍摄技法一一举例说明。

（1）横画幅拍法

横画幅的画面视野很开阔，可以充分体现人物的身体姿态，在拍摄人像时选择横幅画构图，可以使人物所在的环境状况一目了然，更好地突出拍摄主题。

图6-25所示为采用横画幅构图手法所拍摄的封面照，不但可以很好地展现人物所处的环境背景，其拍摄效果也非常清晰，背景虚化的效果也是非常棒，显得人物更加突出。

图6-25 采用横画幅构图手法所拍摄的封面照

（2）竖画幅拍法

拍摄人像时，为了让画面更加饱满，此时可以选择竖画幅拍法，这样可以充分展现画面主体。如果人物的手放在上面，可以采用竖画幅拍摄半身人像，如图6-26所示。如果人物的动作比较大，可以采用竖画幅拍摄全身人像画面，如图6-27所示。

图6-26 采用竖画幅拍摄半身人像

图6-27 采用竖画幅拍摄全身人像

如果人物的手部向下延伸，则至少需要拍摄到人物膝盖以上的画面，如图6-28所示。采用竖画幅加背景虚化的拍摄方法，可以更加突出人物主体，拍摄人物侧面的神态，可以让画面更加灵动，如图6-29所示。

图6-28　拍摄人物膝盖以上的画面　　图6-29　采用竖画幅加背景虚化拍摄的人像封面

（3）俯拍法

俯拍法是指拍摄者或者手机的位置比被摄人物主体要更高，如果是自拍，可以借助自拍杆或者将手机放置在一个比较高的位置，可以拍摄到更加开阔的画面，同时近距离俯拍也可以让人物头部显得更大。

图6-30所示为采用俯拍的角度拍摄躺着的人物，人物双手自然摆放，同时将头发有意地散开，以丰富的画面和线条变化，更好地表现出人物的美感。

图6-30　采用俯拍的角度所拍摄的封面照

（4）仰拍法

仰拍法是指拍摄者或者手机的位置比被摄人物主体要更低，可以体现出比较动感和飞扬的感觉。

图6-31所示为采用仰拍的角度所拍摄的直播封面照，人物凝望的方向留下了大量的空间，可以使欣赏者的视线集中在人物面部，同时引发内心的触动。

图6-31　采用仰拍的角度所拍摄的直播封面照

6.2.2　掌握构图技法拍出满意的封面照片

在拍摄人像封面照片时，需要掌握一定的构图技巧，并且充分结合各种人物元素，如人物神情、身体姿势、服装配件、光线形式以及背景环境等，然后再选择合适的构图形式来拍摄，以获得满意的人像封面照片。

（1）三分构图

三分构图法是人像摄影中使用最多的构图方法，也是最实用的构图方法之一，能够更加鲜明地突出人物主体。拍摄人像时，将画面横、竖平均分为三等分，将人物头部放在三分点上，这样可以突出主体，获得稳定、自然的画面效果。图6-32所示为采用三分构图技法拍摄的封面照片，人物主体基本位于垂直三分线和水平三分线附近，让人物更加突出，同时右侧的留白使画面看上去更加平衡。

图6-32 采用三分构图技法拍摄的封面照片

（2）曲线构图

运用曲线构图法可以体现出女性身体线条的美感。拍摄女性人像时要注意，如果被摄人物的身材很好的话，可以从她们的侧面平视拍摄，得到性感的S形曲线；但如果要采用正面拍摄人物的话，则可以让她们稍微倾侧身体，以更好地展现出S形曲线，如图6-33所示。

图6-33 采用曲线构图技法拍摄的封面照片

（3）斜线构图

斜线构图法主要是将人物本身比较明显的线条结构安排在一条斜线上，这样可以带来新奇的视觉感受，使画面整体更有活力。拍摄时，故意倾斜镜头，使人物在画面中形成斜线构图形式，可以增强画面的活力，同时从人物的表情和动作上，也可以表现出一种轻松自然的感觉，如图6-34所示。

图6-34 采用斜线构图技法拍摄的封面照片

（4）局部特写

在拍摄人物直播封面图时，不管是单反摄影还是手机摄影，人物特写都是比较常用的题材，不仅可以通过面部特写刻画人物的表情和身体，传达人物的思想感情，而且还可以通过身体局部的特写，展现人物的细节之美。图6-35所示为采用局部特写技法拍摄的封面照片，使用俯视角度拍摄人物的面部特写，不但可以让人物的下巴显得更尖，而且人物的视线和表情也非常自然。

图6-35 采用局部特写技法拍摄的封面照片

6.2.3 不同脸型的人怎么用手机自拍

对于不同脸型的人来说，用手机自拍时可以采用不同的角度或者不同的方向，以追求更加完美的自拍效果，必要时还可以借助自拍杆、三脚架等进行自拍。

圆脸是一种比较讨喜的脸型，看上去非常可爱。自拍时，如果你不想让自己在手机镜头里显得太胖，可以用45度角或60度角拍照，也就是尽量拍侧面，或者利用前景（如头发、树叶等）或者用手稍微遮挡一点脸型，并且加上一些可爱的表情，展现自己最美的一面，如图6-36所示。

图6-36　圆脸脸型自拍效果

长脸是指脸部的长度比宽度要稍长一些，看上去非常有气质，通常适合拍摄全身照。不过，在自拍时，长脸脸型的人可以稍微低下头，并且微微收一点下巴，这样可以让脸型比例看上去更加适中，而且还能让眼睛显得更大、更有神，如图6-37所示。

方脸的脸型比较宽大，处于圆脸和长脸之间，而且额角和下巴都明显比较宽。方脸在自拍时，也可以运用经典的45度角，最好使用侧逆光进行拍摄，可以将五官的立体感展现出来，让脸型看上去更加漂亮，如图6-38所示。

瓜子脸呈倒三角形状，脸部线型非常流畅，而且整体的脸部形状看上去很匀称，是一种比较漂亮的脸型，不管怎么拍都非常耐看。瓜子脸自拍时，只要摆出自然的表情，然后用手机抓拍真实的画面即可，如图6-39所示。

图 6-37　长脸脸型自拍效果

图 6-38　方脸脸型自拍效果

图 6-39　瓜子脸脸型自拍效果

6.2.4　远景、中景、近景如何选

　　在开始拍摄直播封面图前，首先要想好到底要表达什么，也就是要先选择好景别，包括远景、中景和近景 3 种类型：近景包括人物腰部以上，用于强调人物的相貌和表情；中景包括人物膝盖以上，可以兼顾展现人物的表情与身体造型；远景用于表现人物的肢体语言与拍摄环境。图 6-40 所示为通过中景拍摄的人像封面照，该照片展现了人物的手部动作与面部神情，同时也展示了拍摄环境。

图6-40 通过中景拍摄的人像封面照

6.2.5 运用光线把人像拍得更漂亮

拍摄人像直播封面照片，应尽可能地将光源对准人物脸部的方向，以保证人物面部的细节特征完全呈现出来。不过，如果室外的阳光太强烈，也可以找一些树荫来拍摄，这种环境下的光线效果通常都不错，如图6-41所示。利用树荫挡住强烈的阳光，拍出来的画面明亮且不刺眼，让人物的肤色看上去更加自然。

图6-41 利用树荫挡住强烈的阳光

159

6.2.6 拍摄夜景人像封面设置曝光技巧

拍摄夜景人像封面时注意，最重要的地方就是曝光的设置：首先我们可以寻找一些高度较低的路灯作为主光源，也可以利用多盏路灯给人物的正面和背景补光；同时，需要控制好画面中的噪点，尽量选择具有夜景人像模式的手机，这些手机能够在暗光场景下进行智能化的降噪处理，可以得到较为清晰的画面效果；如果手机相机带有Pro模式，则我们可以根据需要调整手机的光圈、快门、ISO以及对焦等参数，并且将人物脸部的高光区域作为测光点和对焦点，让人物面部更清晰。

在夜间拍摄人像时，尽量让光线照射在人物的正面或侧面，使用具有相位对焦技术的手机，可以帮助拍摄者迅速且精确地完成对焦取景操作，轻松抓拍到模特的神态，如图6-42所示。

图6-42 夜景人像直播封面

6.2.7 选择适合拍摄户外人像封面的好背景

要想在户外拍出漂亮的人像封面照片，首先需要选择一个好的背景。由于日光较为强烈，因此我们可以在树荫中、屋檐下、窗口边或者建筑阴影里进行拍摄，这样光线会更加柔和。

图6-43所示为利用建筑阴影拍摄人像封面，光线经过建筑的遮挡后，变得非常柔和，可以让人物的皮肤更加白皙，带来一种唯美、清新的视觉感受。

另外，我们可以利用一些具有延伸性特征的物体作为背景，如墙壁、铁路、栏杆、道路、走廊等，形成一条视觉引导线，吸引欣赏者关注，同时还能增加画面的纵深感和空间感，可以更好地突出主体，如图6-44所示。

图6-43　利用建筑阴影拍摄人像封面　　图6-44　利用具有延伸性特征的物体作为背景

对于户外人像背景的选择，如果景物的美感不足，则需要对其进行一定的裁剪或删除，当然也可以用大光圈拍摄出浅景深效果，对背景进行模糊处理。

封面设计：直播间封面图的后期美化处理

对于主播来说，都希望拍出漂亮的直播间封面照片，但有时候，直接拍摄出来的照片是难以达到主播最初的设计想法的，这时候就需要对照片进行后期美化处理。

6.3.1 二次构图能让你的照片变废为宝

使用APP可以非常方便地对手机照片进行裁剪和旋转等操作，将照片编辑成自己想要的大小和角度。

以"美图秀秀"APP为例，打开一张照片，点击"编辑"按钮，如图6-45所示。进入"裁剪"界面，可以通过自由裁剪或按一定比例裁剪的方式来裁剪照片，如图6-46所示。

其中，按比例裁剪的比例包括2：3、3：2、3：4、4：3、9：16以及16：9等多种形式。另外，也可以选择自由裁剪模式，点击"自由"按钮后拖曳预览区中的裁剪框，选定要裁剪的区域即可。在裁剪照片过程中，如果对裁剪效果不满意，也可以随时点击"还原"按钮恢复照片原貌。

图6-45　点击"编辑"按钮　　　　　　图6-46　裁剪照片素材

6.3.2 用拼图功能制作拼接的封面图

拼图功能即将一组照片进行拼接组合，以制作出特殊的拼图效果。例如，使用"美图秀秀"APP，只需轻松几步，即可制作出拼接的封面图。相比其他较为简单的拼图，"美图秀秀"APP的拼图内容更加丰富。在"美图秀秀"APP中，可以进行自由拼图，随意排列照片效果；也可以将照片进行拼接，横向或竖向固定排列一组照片。"美图秀秀"APP的"模板"拼图功能提供了多种照片拼图模板，可以将自己喜欢的照片添加到模板中，然后将编辑好的图片保存或分享，如图6-47所示。

图6-47 "模板"拼图功能

切换到"自由"拼图模式，就可以看到所选择的图片随意地放在拼图页面中，如图6-48所示。然后可以执行自由移动图片、自由设置背景图片等操作，如图6-49所示。

图6-48 切换到"自由"拼图模式　　　　图6-49 自由调整拼图效果

6.3.3 用手机给封面照片添加暗角效果

为封面照片添加暗角效果，可以将照片中心的人物突出显示。应用"美图秀秀"APP便可以为照片添加暗角效果，具体操作如下。

步骤01 打开"美图秀秀"APP，点击默认界面中的"图片美化"，进入"最近项目"界面，选择需要添加暗角效果的封面照片。

步骤02 进入照片处理界面，点击下方的"调色"按钮，如图6-50所示。

步骤03 进入"调色"处理界面，❶切换至"细节"模式；❷点击"暗角"按钮；❸向右拖曳滑块调整参数，如图6-51所示。

图6-50 点击"调色"按钮

图6-51 添加暗角效果操作

步骤04 "暗角"添加完成之后，只需点击界面中的 ✔ 按钮，即可返回上一个界面；点击"保存"按钮，即可将封面照片保存导出。

图6-52所示为给封面照片添加暗角效果的前后对比。

6.3.4 手机后期修出自然小森林色调

"美图秀秀"的"自然"特效组可以快速打造出小森林风格的封面照片。在"美图秀秀"APP中打开一张照片，点击底部的"滤镜"按钮，进入特效处理界面，在"自然"特效组中选择"M2小森林"滤镜模式，如图6-53所示。

原片　　　　　　　　　　　添加暗角效果的照片

图6-52　添加暗角效果的前后对比

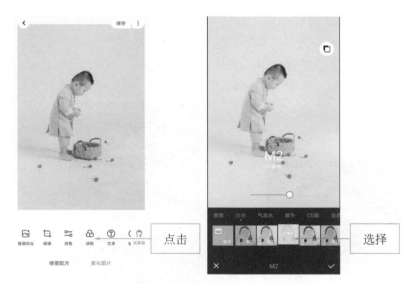

点击　　　　　　　　　　　选择

图6-53　选择"M2小森林"滤镜模式

执行上述操作后，点击界面中的 ✓ 按钮，返回上一个界面；点击"保存"按钮，即可将封面照片导出。图6-54所示为封面照片添加特效前后对比。

原片　　　　　　　　　添加特效后的照片

图6-54　封面照片添加特效前后对比

6.3.5 "封面加字"制作独属于自己的模板

在"美图秀秀"APP中，可以根据需要在直播封面图中添加相应的文字、贴纸以及水印等装饰素材，使照片变得生动温馨。在照片上添加适当装饰素材，可以对照片起到画龙点睛的作用，让普通照片变得精致起来。

"美图秀秀"APP可以为照片添加静态文字水印，并且可以设置文字的字体、颜色等样式，让文字成为照片中不可缺少的一部分。

在"美图秀秀"APP中打开照片，点击"文字"按钮，进入文字编辑界面，用户可以在此输入文字，并选择相应的文字模板，如图6-55所示。

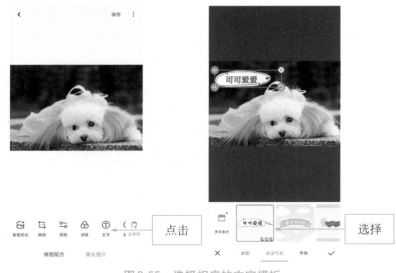

图6-55　选择相应的文字模板

点击文字输入框输入符合照片主题的文字，并修改颜色、字体。❶ 点击"字体"按钮；❷ 在下面的列表中可以选择合适的字体类型，如图 6-56 所示。❶ 点击"样式"按钮；❷ 选择相应的颜色；❸ 在下方可以激活粗体或者阴影样式，如图 6-57 所示。

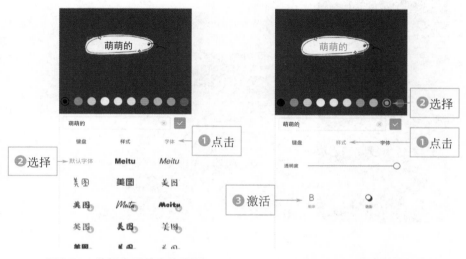

图 6-56　选择合适的字体类型　　　　图 6-57　激活粗体样式

添加并设置相应的文字效果后，还可以在预览窗口中适当调整文字的位置，尽量不要遮挡主体对象，最终效果如图 6-58 所示。

图 6-58　添加文字后的封面效果

6.3.6　用手机把封面转换为素描、黑白效果

MIX APP 的"影调魅力"滤镜组包括 M101 ～ M110 共 10 个滤镜效果，以

167

黑白灰等无彩色系色调为主，可以呈现出不同的黑白照片效果。图6-59所示为"影调魅力"滤镜实现的黑白画面效果。

图6-59 黑白画面效果

另外，MIX APP还具有"描绘"滤镜组，包括D101 ~ D110共10个滤镜效果，可以打造出不同样式的素描效果，无需任何技术含量即可轻松实现。图6-60所示为"描绘"滤镜实现的素描画面效果。

图6-60 素描画面效果

6.3.7 打造绚丽彩妆人像封面照片

"天天P图"APP中提供了一系列的化妆工具，可以帮助我们轻松点缀双眸、肌肤、双唇及牙齿，我们可以自由混搭色彩以及各种美妆效果，是爱美女孩必备彩妆修图应用。女孩们可以根据自己的生活风格，选择合适的主题妆，打造属于自己的独一无二的耀眼妆容。同时，APP会定期更新一些新色彩、新款式以及一键套用主题妆等，用户可以尽情下载试用。

"天天P图"APP具有十分智能的脸部侦测功能，可以非常快速地锁定人物照片中的五官，并自动应用自然得体的彩妆效果，选择相应的主题妆缩览图，用户可直接应用该主题妆美化照片，如图6-61所示。

图6-61 自动应用彩妆效果

除了一键套用主题妆外，用户也可以自己打造彩妆造型。使用"天天P图"APP的"时尚妆容"功能，可以自由调整粉底、眉毛、唇彩、腮红、美瞳、眼影以及染发等造型效果。

第7章

直播头像：
让主播的人气飙升

直播对于主播来说社交属性非常强，而头像则是社交网络中的一个加分项，所以主播的头像设置一定不能马虎。一个好看的头像往往能够影响到别人对你的第一印象，也能够直观、简单地给观众留下关于主播个人形象的记忆，如果没有头像会大大减少观众对主播的认知度。本章将向大家介绍如何正确设置直播头像，让主播的人气飙升。

7.1
设置原则：展示出主播最好看的一面

头像是观众隔着网络和手机屏幕去辨认主播的一个标志，很多人可能记不住主播的名字，但他们会对主播的头像有印象。就好比两个互不相识的陌生人第一次见面，互相向对方介绍了自己的名字，并进行了短暂的交流，等过了一段时间后再次相见，可能会记不住对方的名字，但一定会认出对方的脸，至少也会觉得对方脸熟。因此，在设置直播头像时，一定要展示出主播最好的一面，要有个人特点，才能提升大家对主播的第一印象。

7.1.1　高清大图越清晰越好

直播头像不能模糊，图片像素一定要高，图片越清晰越好。现在的手机相机功能非常强大，拍出来的照片基本都还可以，所以很多主播的头像都是非常清晰的。如果在这样的条件下，拍出的照片还是模糊不清，那就真的要"泯然于大众"了。

另外，拍摄出来的头像尽量显露出正脸或者侧脸，如果想显得神秘一点，也可以适当挡住一半的脸，但是画面一定要清晰，千万不能黑乎乎的一片，什么也看不清。如图7-1所示，该头像如果不仔细看，根本分不清是正面还是背面。因此，头像可以不求有多美、多帅，但求清晰可观。

图7-1　黑乎乎看不清的头像

7.1.2　用艺术照展现形象气质

如果主播的头像是用自己的照片，可以精心挑选一张符合主播直播风格的艺术照。同样是用自己的照片作头像，随手拍的自拍照绝对比不上精心打扮经过设计的艺术照，用艺术照可以充分展现主播的个人形象气质。如果拿不准用哪张照片作头像，主播可以在直播间人多的时候发起投票，从多张照片中选一张出来，这样既能与观众产生互动，还能迎合粉丝的喜好，增加与粉丝的亲密值。

7.1.3　极简风格让人快速识别

头像最主要的目的就是要让人能够快速识别主播，如果头像背景杂乱或者背景元素太多，都容易喧宾夺主，转移观众的注意力。因此，主播的头像风格可以简单一点，选择背景元素较少的极简风格就好，如图7-2所示。

图7-2　极简风格的头像

如果拍出来的头像背景元素还是太多，主播可以通过后期修图将背景虚化，减弱背景的存在感，如图7-3所示。

图7-3　后期修图虚化头像背景

7.1.4　适当后期增加头像美感

在拍摄头像时，或多或少会受到现场环境、光线等因素的影响，使拍摄出来的照片不够好看，有的人会选择将其当成废片删除，再重新拍摄，直到满意为止。

其实如果拍摄出来的整体效果不算太差的话，完全可以通过后期修图来修正。如图7-4所示，修图前的照片画面昏暗、无光彩，修图后的照片色彩饱满，有着鲜明的颜色对比，并且光线充足。经过后期修图，这张照片不仅还原了画面色彩，还提升了画面的质感和美感。如果主播拍出来的照片不太理想，先别着急删，可以暂时保留下来，说不定经过后期修图，还能将照片修正回来，达到主播满意的程度。

修图前　　　　　　　　　　　　　　修图后

图7-4　后期修正废片

7.1.5　借助热点贴合直播主题

如果主播是个新人，没有什么粉丝基础，想要快速获得知名度和人气，可以在头像上使用一点小技巧，借助当下的热门事件或比较有名气的明星和主播来"蹭"热度。例如：可以模仿某明星或某知名主播的经典动作来拍照；在头像上添加当下热门事件中的关键词；模仿经典影视剧中的角色等。

但是要注意的是，借助的热点要贴合自己的直播主题，且符合自己的人设风格；不能通过贬低他人来获得知名度，要有自己的行为准则，事情不能做得太过。否则，会给主播带来不好的影响，若是知名度有了，名声却坏了，只会得不偿失。

7.1.6 使用工具制作虚拟头像

很多人喜欢动漫，会将自己的头像也设置成动漫角色，但是观众看直播，看的是真人，用动漫角色制作的头像毕竟不是主播自己，在观众看来还是有一点视觉上的落差感。

主播其实可以使用工具来制作跟自己长得很像的虚拟头像，例如用三维建模软件制作一个虚拟的3D动画人物，可以以主播自己为原型来制作；还可以像短视频一样，通过后期软件中提供的特效，将照片中的自己变成漫画人物。下面以"剪映"APP为例，向大家介绍将照片中的自己变为漫画人物的制作方法。

步骤01 打开"剪映"APP，点击"开始创作"按钮，如图7-5所示。

步骤02 进入"照片视频"界面，❶在"照片"选项卡中选择一张照片素材；❷点击右下角的"添加"按钮，如图7-6所示。

图7-5 点击"开始创作"按钮   图7-6 点击右下角的"添加"按钮

步骤03 导入照片素材，点击"剪辑"按钮✂️，如图7-7所示。

步骤04 进入剪辑菜单界面，向右滑动菜单栏，点击"剪辑"菜单中的"日漫"按钮，如图7-8所示。

点击

图7-7 点击"剪辑"按钮

点击

图7-8 点击"日漫"按钮

步骤05 执行操作后，会显示漫画生成效果的进度，如图7-9所示。

步骤06 稍等片刻，即可生成漫画效果，点击相应按钮 ，如图7-10所示。

步骤07 执行上述操作即可扩大预览窗口，查看生成的漫画效果；用手机截屏软件，可以将效果截屏保存成图片，如图7-11所示。

显示

图7-9 显示生成效果进度

点击

图7-10 点击相应按钮

图7-11 截屏保存成图片

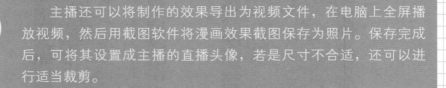

主播还可以将制作的效果导出为视频文件，在电脑上全屏播放视频，然后用截图软件将漫画效果截图保存为照片。保存完成后，可将其设置成主播的直播头像，若是尺寸不合适，还可以进行适当裁剪。

7.2

突出主题：展示出直播的类型和风格

对于不熟悉主播的观众来说，他们往往会通过对主播的第一印象来决定喜恶。因此，对于刚进入直播行业的新人来说，个人的形象定位很重要。主播在更换自己的直播头像时，要根据自己的直播内容和主题来制作，要能充分展示出主播的形象、风格和类型，吸引更多的观众进入直播间。

7.2.1　日常直播以直播内容为主

头像要能体现出主播的特色，如果主播是进行日常直播，直播头像还是要以直播内容为主，或者保持之前的风格特点。另外，主播可以使用自己生活中的照片作为头像，需要注意的是照片中的形象要与平时日常直播时的形象一致。

假设主播一直是以"邻家小妹"的形象进行日常直播，直播内容是向观众推售玩偶，直播头像就要体现出主播的个人形象和直播内容，如图7-12所示。主播的穿着打扮都非常符合"邻家小妹"这个人设，手上拿着一个玩偶，做亲吻状态，虽然是在户外拍摄的照片，但背景做了虚化处理，反而使主播更加突出，画面非常自然、和谐，让人感觉主播很有亲和力。

如果直播内容是关于健身方面的，那么主播可以用一张在跑步机上跑步的照片作为头像，这样便可以简单明了地告诉大家直播内容是什么了，如图7-13所示。

图7-12　体现个人形象和直播内容的头像　　　图7-13　直播内容是关于健身的头像

7.2.2　活动期间以活动内容为主

很多主播在一些节日或者特殊日子会做一些促销活动，例如在开业周年庆的时候或者在主播生日当天进行降价促销活动，在主播开展活动期间，直播头像可以更换为以活动内容为主的图片。

图7-14所示为饰品类直播活动头像，用的是主播自己的照片，画面右上角写的"今日降价"非常醒目，配上主播的动作，好像是在对观众说："嘘！今日本店饰品降价，只有你知道！"对于观众来说，不管这个直播间的直播内容是什么，从这4个字就能知道这个直播间在做降价活动。人们对于"捡便宜"是非常热衷的，不管用不用得上、会不会买，都有可能想去凑下热闹，只要抓住观众的这种心理，就能通过头像所展示出来的信息引导观众进入直播间。

图7-15所示为某美食类直播活动头像，用的是一个榴莲蛋糕的照片，同样也能快速吸引观众的目光。它向观众抛出了3个"诱饵"：一是美食，二是降价，三是限量。只要观众对"榴莲蛋糕"感兴趣，就会进入直播间参与这个活动。

图7-14　饰品类直播活动头像

图7-15　美食类直播活动头像

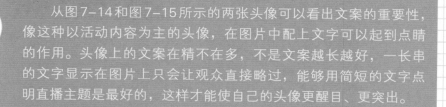

专家提醒

　　从图7-14和图7-15所示的两张头像可以看出文案的重要性，像这种以活动内容为主的头像，在图片中配上文字可以起到点睛的作用。头像上的文案在精不在多，不是文案越长越好，一长串的文字显示在图片上只会让观众直接略过，能够用简短的文字点明直播主题是最好的，这样才能使自己的头像更醒目、更突出。

7.2.3　游戏直播以游戏画面为主

　　游戏直播类的直播头像可以以游戏画面为主，很多观众喜欢玩游戏，对于熟悉的游戏即使没有明确说明是什么游戏，但只要看一眼游戏画面或者游戏角色他们就能认出来。主播可以截一个游戏画面或者自己常玩的游戏角色作为直播头像。图7-16所示为用游戏截图作为直播头像。

　　需要注意的是，用来作直播头像的游戏画面最好是与当下直播的游戏一致，这样吸引进直播间的观众待的时间就会比较长。如果观众看到的头像和在直播间看到的直播游戏不一致，会产生一种被欺骗的心理，从而快速离开直播间。更有甚者会在直播间评论留言，说一些不好的话，引导已有的观众离开直播间，导致主播的粉丝大量流失。

图 7-16　用游戏截图作为直播头像

7.2.4　户外直播一般以风景为主

户外直播时经常可以看到美丽的风景，所以户外直播类的直播头像一般以风景照为主。

有很多主播生活在一些旅游城市，他们进行直播时，通常会到当地有名的景点进行直播，带领直播间的观众领略当地的人文底蕴、名胜古迹以及城市风貌等，所以他们一般都会将当地比较有名的景点拍成照片，以这些景点照作为直播头像使用，如图 7-17 所示。

图 7-17　以当地有名的景点照作为直播头像

还有些主播喜欢四处旅游，每到一个新的旅游景点，就会开始直播录制旅游行程、沿途风景和景点风光等，他们一般会将直播头像设置成旅游时拍摄到的风景照，如图 7-18 所示。

图 7-18　用旅游风景照作为头像

7.2.5　娱乐直播以主播照片为主

娱乐类型的直播头像基本上都是以主播自己的照片为主，有的是自拍照，有的是艺术照。在前面有介绍过，用精心设计过的艺术照作为直播头像要比随手自拍的照片亮眼得多，也能更好地吸引观众进入直播间，所以主播在用自己的照片作为直播头像时，还是尽量选用艺术照为好。如果没有现存的艺术照，可以约一位摄影师特拍一些好看点的照片，主播可以跟摄影师提一些要求，多拍摄一些不同风格的照片，这样才方便后期选用。图 7-19 所示为主播在不同环境下拍摄的不同风格的照片。

性感风　　　　　　　　　　　　　　　　冷艳风

家居风

日系风

时尚风

复古风

图 7-19　主播在不同环境下拍摄的不同风格的照片

专家提醒

　　在这些不同风格的照片中，主播可以选取一款与直播内容相符合的照片作为直播头像。至于其他的照片，可以暂时先保存起来。日后主播积累了一定的粉丝量，可以在合适的时机将头像替换为另一种风格，增加粉丝对自己的新鲜感。对于不熟悉主播的观众来说，主播也能通过展示自己不同风格的另一面，来吸引不同喜好的观众。

7.3

注意事项：打造高附加值的头像

有人说，要想做一个好主播，就要学会经营自己的直播头像，头像在某种意义上来说，是观众辨识主播的一个标志。一个好的头像具有传播性、识别性和印象记忆，能够展示主播的个性和形象，有着非常高的附加值。打造一个具备高附加值的头像，不仅要学会利用各优势，还要懂得规避头像设置雷区，本节向大家介绍设置头像的几点注意事项。

7.3.1 色调简单明暗适度不能太杂

用作直播头像的照片颜色不能太杂，如果照片颜色太杂会显得没有层次，应尽量将色调统一，且明暗对比要适度，否则画面显示会不协调。

图7-20所示为原图与后期图的对比。原图明暗对比反差太大，亮度过高使画面中心位置产生了些微的过曝，画面颜色偏绿，但地面和被摄物体的颜色实际上是偏红褐色的，整体画面色彩不一、明暗比例欠缺；后期图降低了明度，将对比层次显示了出来，经过色调调整后，消除了画面中的绿色，修正了地面和被摄物体的红褐色，达到了画面色彩上的统一，使画面从原来的冷色调变成了暖色调。

原图　　　　　　　　　　　　后期图

图7-20　原图与后期图的对比

两张图对比来看，还是后期图要耐看些，原图看的时间稍微久一点后，眼睛会产生不适感，影响观众的视觉体验。明暗对比是搭配色彩的基础，因此主播可以先调整明暗层次对比，再调整画面色彩。

7.3.2　修图不能太过，否则差距太大

在对选取的头像照片进行后期修图时，主播应掌握好修图的分寸，不能修得太过了，否则差距太大会让照片失真，观众看了可能会对主播产生反感。

图7-21所示为一张公园中的花卉照，可以很明显地看出画面中的绿色过于饱和，且画面中亮的地方太亮了，暗的地方又太黑了，整体画面看上去很刺眼。观众看到这样的头像，虽然不至于厌恶，但也不会对主播产生多大的好感。

如果说观众对于风景照修太过了还能有一定的容忍度，那对于人像照来说，观

图 7-21　公园中的花卉照

众是万万不会容忍的。现在的修图工具太多，胖的可以修成瘦的、矮的可以修成高的、黑的可以修成白的，所以观众最怕遇到的就是"照骗"。

观众可能会容忍你的头像上有美白、磨皮的痕迹，但很难容忍在直播间看到的真人与展示出来的头像天差地别，在这种情况下，主播是很难获得粉丝量的，且受到的负面影响会很大。

因此，主播如果是用的自己的照片作为直播头像，照片一定不要修得太过，可以稍微磨皮、美白以及稍微修饰一下脸型，但是修出来的照片一定要与主播本人相像。如果为了吸引观众观看直播，而导致修出来的照片与真人反差太大，观众反而会感到受骗，那还不如直接使用原图。

7.3.3　注意平台规则不要过于暴露

现在基本上所有的直播平台对主播的着装都有着一定的要求规范，有的平台还明确表示主播的服装不能过于暴露、不能太透明、不能穿情趣制服以及肉色紧身衣等。不仅是直播时的着装不能暴露，主播用来做直播头像的照片，也不能出现着装暴露的情况，否则被平台检测到后会被警告或者禁号。

此外，观看直播的观众都可以对违反平台规则的账号进行举报，对于被举报的账号，直播平台会在接到举报后的最短时间内进行核实处理。因此，主播用来作直播头像的照片一定要好好检查一遍是否符合平台规则。

7.3.4 头像要用半身照不要用全身照

在裁剪头像时，能裁成半身照就不要裁成全身照。用全身照会放大主播身上的缺点，并且用全身照的话，主播整个人就会被缩放显示，容易看不清主播的脸，这样会减少观众对主播的辨识度。

图7-22所示为全身照和半身照展示的效果，可以看到全身照显得主播的身材不是优势，且脸部的表情有点模糊，整体效果不佳；而右边的半身照则显示主播身材高挑、纤瘦，脸部表情也比全身照要清晰一些，整体效果比较好。

图7-22　全身照和半身照展示的效果

如果主播身材偏胖，拍照的时候不要拍全身照。因为全身照会完全将主播的身材显露出来，拍半身照至少能挡住主播一半的身体，且画面集中在主播的上半身，那么主播只要妆容精致，穿一件宽领的衣服修饰身材，再将镜头稍微拉远一点，给画面留出一些空间，拍出来的效果就会很好，用这样的半身照做头像远比全身照要受欢迎得多。

7.3.5 不要脱离直播凸显无关内容

　　直播头像要与直播内容相关，更不能脱离直播主题。很多主播为了标新立异、吸引眼球，常常有"挂羊头卖狗肉"之嫌。例如：头像展示的是珠宝，结果直播的却是美食；明明主播直播的内容是耳环、项链等首饰，偏偏展示出来的头像却是品牌包包。

　　像上述错误，主播还是不要去犯，即使能通过将头像换成观众感兴趣的照片来迎合观众的喜好，等观众进入直播间后发现内容不符，依旧会快速离开直播间，主播只会白忙活一场，徒劳无功。

7.3.6 图片要饱满不要有白边或者黑边

　　在设置图片时要注意图片是否裁剪好，图片上不要留有白边或者黑边，否则上传的头像会显得不够饱满，影响带给观众的视觉效果。图7-23所示为有黑边和无黑边的头像效果。

图7-23　有黑边和无黑边的头像效果

第8章

主播名称：
让主播更有记忆点

主播名称非常重要，如果主播的名称不好听、拗口就会很难让观众记住，如果观众很难记住主播的名称，就容易将主播忘记，这样对于主播来说很难快速获得粉丝量和知名度。本章主要向大家介绍如何取一个好听还具有记忆点的名称。

8.1

取名原则：起个好艺名的3大要点

作为一个新人主播，一开始一定不要急着去开播，开播前要先将自己的个人资料完善好，因为当观众对主播感兴趣后，会尝试通过了解主播个人主页的相关信息来了解主播，此时有一个能让观众记得住的名称就非常重要了，一个好听又好记的名称能让观众印象深刻。本节主要向大家介绍起一个好艺名的3大要点。

8.1.1 有记忆点更容易被人接纳

取名原则之一要有记忆点。所谓记忆点，其实就是印象记忆，就像一首歌曲，其前奏可能平平无奇并不出众，但歌曲的高潮部分却朗朗上口令人印象深刻，那这高潮部分则为这首歌曲的记忆点。

有的名字看过或听过一次就能记住，有的名字要听说好几次才能记住，也有的名字说很多次还是能被记错，而主播取名的目的其实很明确，就是要能吸引观众，让观众记住自己。

跟歌曲一样，如果主播的名字能有几个关键字令人印象深刻，那么这个名字就会产生记忆点，产生记忆点后观众便容易接受并记住这个名称，就算没有记完整，待观众下一次想起主播时，也可以通过搜索关键字来找到主播。

8.1.2 槽点能让主播充满话题性

取名原则之二要有槽点。"槽点"这个词主要用来表示吐槽的爆点，是指名称中有值得一提且有趣，或有让人可以吐槽的地方，充满了话题性。

例如，某主播取名为"白莲小花"，这个名称便充满了话题性。大家应该都知道，"白莲花"原本是比喻人有"出淤泥而不染"的高尚品格，但现如今在网络上，用"白莲花"来形容一个人的时候，有时是指其表面纯洁、善良，实则内心阴暗、心机深沉。所以提起"白莲花"，人们就会下意识地联想到表里不一。而主播将自己的直播名称取为"白莲小花"，不仅不避讳这个词包含的贬义，还大大方方地将其摆在明面上，令人费解、好奇，这种反常的情况，反而能够激起观众对主播的兴趣，会更加想要了解主播为什么取这个名字，会探究主播到底"表里不一"还是真的"出淤泥而不染"。

一个具有槽点、充满话题性的名称从另一个角度来看是自带流量的，这样的名称具有极强的传播属性，非常容易吸引观众的注意。当主播的直播名称引起大家的议论后，便会被传播得更广，注意到这个名称的观众会越来越多，相当于免费为主播做了广告传播。

8.1.3 个人特点能让人快速了解你

取名原则之三要有个人特点。在直播名称中体现个人特点，能够提升观众对主播的辨识度。取一个有个人特点的名称也是有技巧的，可以从主播的性格、情感以及职业等方面着手。

例如，"张哥来了快闪开"这个名称就能体现出主播的性格是张扬、外向型的，且这个名称还带有一定的场景意境在里面，看到这个名称脑海里就会浮现出一个符合这个名称的场景来，在一定程度上非常能引起观众的注意。

再如，"小米爱美食"这个名称体现出来的就是主播是个"吃货"的个人形象，从名称可以猜测主播直播的内容可能是吃各种美食或者是直播美食的制作过程，而"甜妞不吃肉"这个名称体现出来的则是主播是个素食主义者。这一类名称都带有描述主播人设标签的词在里面，通过这些标签词展示了主播的个人特点。

图8-1 添加职业标签的名称

此外，还可以在名称中添加职业标签。图8-1所示的主播是一位瑜伽老师，她的直播名称为"秋菊形体瑜伽"。相信很多人对"形体瑜伽"这几个字并不陌生，即使不了解应该也有在网络上看到或者听到过，而且很多女生为了塑形、瘦身也经常会在网络上观看一些瑜伽视频，因此"形体瑜伽"这几个字很容易被观众接受并记住。观众从她的名称上就能快速了解主播是做什么工作的，直播的内容是什么，如果观众喜欢瑜伽或者对瑜伽感兴趣，就会进入直播间观看。

8.2

取名技巧：让粉丝第一时间记住你

有人觉得取名没什么难的，可以在网上搜一些好听又有特点的名称，也可以用自己的微信名称。如果你不是作为一个主播，而是一个普通的观众，那你的名称可以随便取，但如果你是一个主播，那就不能随便取一个名称了事，就像很多明星出道后都会为自己取一个艺名一样，都是为了能被粉丝记住。所以，如果你是一个专业的主播，那你的主播名称一定不能马虎。下面向大家介绍什么样的名称能让粉丝第一时间记住你。

8.2.1　朗朗上口使人一眼就能记住

作为一个专业的主播，你的名称一定要朗朗上口，才能让观众一眼就记住你。取一个朗朗上口的名称，需要注意以下几点。

（1）最后一个字尽量用开口元音

大家在上学的时候老师应该都教过什么是元音，元音共有5个，分别是a、e、i、o和u，其中i和u为闭口元音，a、e和o为开口元音，开口元音的字发音时口形是张开的，且声音非常响亮，如刚、亮、帅、宝、恭以及达等字。

使用开口元音来取的名称读起来会让人感觉非常有气势，听着也会感到很舒服，如果直播名称前面的几个字都不是开口元音，那名称的最后一个字也尽量要用开口元音的字。

（2）注意声调平仄要有起伏变化

名称好不好听与声调平仄是息息相关的，在汉语中一般有4个声调，分别是平声、上（shǎng）声、去声和入声，除了平声外，其余统称为仄声。平仄声调其实都是有规律可循的，平声声调较长是没有起伏变化的，而仄声的声调较短是有起伏变化的。

平仄搭配好能使名称念起来非常好听。例如，梦泽，"梦"字第4声是去声调，"泽"字第二声是平声调，二者搭配在一起，朗朗上口，好听又好记。

（3）名称应尽量避免使用多音字

主播取的主播名称要尽量避免使用多音字，因为多音字的名称容易被人念错，多种读法会让人不知该念哪个才好。

也许有人会说，不就是个网络名称嘛，不需要考虑这么多，能在评论的时候正确打出来这个名称就行。但是不要忘了，不同读音字的含义是不一样的。例如：乐，读lè时表示欢喜、喜悦的意思，读yuè时则表示声音或者姓氏的意思。

如果有观众向好友推荐主播或者谈论主播时，含有多音字的名称就会容易让观众产生不同的理解。因此，为了避免观众对名称产生误解，主播取名称时能不用多音字就不用，否则连读音都无法确认，就更谈不上朗朗上口了。

8.2.2　号召力较强方便铁粉跟队形

有特色的名称通常都很能吸引人的注意力，使用一些号召力较强的名称，再经过引导，可以让粉丝跟随主播的名称风格统一更名，加强粉丝凝聚力，让一些不是主播粉丝的观众感到趣味性，从而想要关注了解主播。

主播可以取一个方便粉丝跟好队形、整齐划一的名称，例如主播的名称为"我是美食街小胖"，粉丝便可以用"我是美食街××"或者"我是×××××"的名称来进行更名。

主播取的名称可以带一些搞笑又有意义的词语，甚至可以自嘲、自黑，因为很多观众观看直播也好、视频也好，主要目的是为了放松身心。使用这种自带搞笑意味的词语能够快速抓住观众的眼球，吸引他们的注意，而且对于熟悉主播的粉丝来说，还能引起粉丝的共鸣，引导他们更改名称时会更加容易一些。

8.2.3 概括性词语尽量做到细分化

现在有很多人进入直播行业，类别也是五花八门，包括美食类直播、服装类直播以及游戏类直播等，这样的大类又可以分成多个小类。就拿美食类直播来说，美食可以分为面点、甜品、小吃、快餐、西餐、川菜、鲁菜、湘菜等，光拿吃的来说就可以细分成很多类别。

主播在直播行业中要定位好自己的直播类型，找准自己的定位，并且给自己取的名称要能体现出自己的直播内容，这样才能在同类型的直播中脱颖而出。

图8-2所示为美食类直播间截图，左图的主播名称叫作"巧端面食分享"，右图的主播名称叫作"董老师爱做饭"，两个直播间的直播内容都是面食制作教程。左图显示的直播间人气要高于右图显示的直播间，同样都是直播面食制作教程，他们的差别不仅仅是人气上有区别，名称上也有很大的区别。先说右图显示的直播间，主播名称为"董老师爱做饭"，从名称上可以猜测该主播可能是一位老师，所以才会用"董老师"3个字作为名称的前半部分，但是后面"爱做饭"的含义就比较广泛了。相对左图显示的直播间来说，"董老师爱做饭"这个名称不明确，并不能够很好地对其进行分类。左图显示的直播间明确地将直播间的直播类型定义为"面食分享"，在美食类的直播间中，将自己分到了面食类，其直播的内容比较明确，也做到了精确细分。

从观众的角度来说，当观众想要看有关面食制作的直播时，他会通过搜索栏来搜索直播用户。当观众搜索"面食"两个关键字后，搜出来的用户中肯定没有"董老师爱做饭"这位主播，这就导致"董老师爱做饭"的直播间失去了一个精准粉丝。

综上所述，主播若想自己的直播名称在同类型中脱颖而出的话，一定还要考虑搜索曝光率的问题，在名称中加入跟直播内容有关的词语，并且尽量做到细分化，提高搜索曝光率，增加粉丝量。

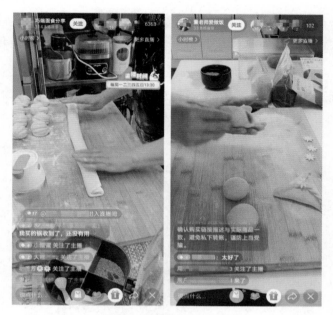

图8-2 美食类直播间截图

8.2.4 名称要有辨识度且越高越好

随着直播行业越来越热门，新人主播也在不断地诞生，当新人主播在注册账号为自己取名时，很可能会遇到平台多次提醒该用户名已被使用的情况。为了避免与其他主播的名称重名或相似，主播给自己取的主播名称要在直播平台中具备辨识度，且辨识度越高越好。

辨识度高的名称有以下几个特点。

（1）用常用字

辨识度高的名称要从常用字中去选择，如果用的是生僻字，会导致名称的辨识度更低，观众连名称中的字都难以认出，怎么可能记得住你的名称呢？所以名称中的字一定要用常用字，且越简单、使用率越高越好。

（2）风格鲜明

取的名称要符合主播的个人风格，能够凸显出主播的个人魅力，展现主播的个人风采，不容易让人忘记。

例如，诗雨江南，一听就有一种江南小镇烟雨朦胧的感觉，观众看到这个名称就会期待主播是不是一个温婉恬静、充满诗意的南方女孩。再如，莫忘，

191

这个名称便很适合走文艺风和古风的主播，这个名称意为"不要忘记"，观众看到这个名称会好奇主播不要忘记什么，是事呢？还是人呢？还是别的什么？

（3）名称简短

有的主播为了另辟蹊径，会给自己取一个非常长的名称。如果你的名称字数过多，观众会很难记住，而且很多直播平台的直播间中，能显示出来的名字最多是6个字，超出范围的字会被隐藏，如图8-3所示。

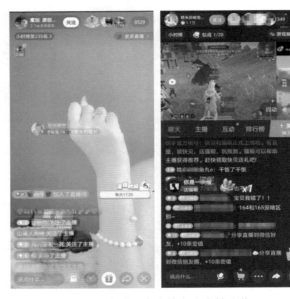

图8-3　超出6个字的名称会被隐藏

名称简短并不是说越短越好，如果表达不够完整，在名称中体现不出任何有用的信息，那这个名称就是失败的。

例如"唐老师爱美食"这个名称，如果只取名为"唐老师"，观众看到后根本不知道这个主播是做什么的。光从名称上看，该主播或许是个老师，但该主播的直播内容并没有体现出来，而"唐老师爱美食"这个全称至少能让观众了解到该主播的直播类型属于美食类。

（4）用户定位

对于能通过直播名称吸引来的观众，主播要有一个清晰的定位，有了精准的用户定位才能根据用户定位来准备直播的内容，吸引到更多潜在的观众。

图8-4所示为音乐类直播间截图，左图显示的名称为"古筝洋洋"，该主播的名称中含有"古筝"二字，古筝是一种传统的弹拨式乐器，音色优美，表现

力极强，深受古风爱好者的喜爱。从主播名称上来分析，该直播间大概可以吸引到3类观众，一类是古风爱好者，一类是乐器类爱好者，还有一类是喜欢音乐、喜欢听歌的观众。而右图显示的名称为"利姐爱唱歌"，这个名称相对左图而言要逊色得多，从主播名称来看，只能引来喜欢听歌的观众进入直播间。

图8-4 音乐类直播间截图

两者相对而言，显然左图显示的名称辨识度要高一些。主播在取名称的时候要将用户定位的因素也考虑进去，可以多取几个名称，从中选出辨识度更高、可以吸引到更多观众的名称。

（5）描述场景

包含场景的名称辨识度也很高，观众看到名称会比较有代入感，从而对主播产生兴趣。包含场景的名称可以从3个方面进行描述，分别是行为描述、空间描述以及时间描述。

① 行为描述。通过描述主播的行为来取名，能够反映人物的性格特征，展示人物的精神面貌。可以描述主播比较有名的行为事件，或者从主播性格和比较有特征性的动作着手描述，如图8-5所示。左图显示的直播名称为"梦梦不吃葱花"，右图显示的直播名称为"会脸红的橘子"，"梦梦不吃葱花"中的"吃"属于动态词，"会脸红的橘子"中的"脸红"也属于动态词。通过对主播的行为描述，立体化地塑造了主播的人物形象，展示了主播鲜明的性格特点。

图8-5　通过行为描述取名

　　② 空间描述。空间是与时间相对的一种物质存在的形式。通过空间描述来取名，可以从地点、区域、长度、宽度以及高度等方面着手，如图8-6所示。左图显示的名称为"瑶都阿广"，"瑶都"指的是金秀瑶族自治县，"瑶都"是人们对它的简称；右图显示的名称为"重庆小美"。两个名称都是通过描述地点来取的，可以吸引到对描述地点感兴趣的观众、在当地居住的观众以及家在描述的地方但人在外地的观众。

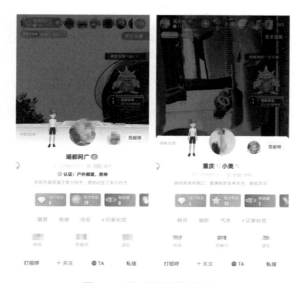

图8-6　通过空间描述取名

③ 时间描述。通过时间描述取名，主播可以从年、月、日、时、分、秒、年龄以及季节等方面着手，如图8-7所示。左图显示的名称为"二月超奈斯"，右图显示的名称为"十月船长"，两个名称中，一个含有"二月"，一个含有"十月"，都属于时间词。如果主播每天直播的时间都很固定，还可以在名称中加入直播时间，这样相当于提前预知观众下一次直播的时间，如图8-8所示。

图8-7　通过时间描述取名

（6）展示内涵

通过名称还可以展示某个人或某件事的内在认知，即通过表象看到本质，通过名称了解主播的性格态度，这一类名称非常能够吸引观众的眼球，如图8-9所示。该主播的名称为"毒舌沙老师"，通过"毒舌"二字表现了主播说话犀利、具有直率的性格和态度。

图8-8　在名称中加入直播时间

图8-9　展示内涵的名称

195

（7）行业词

行业词是指电影、音乐、游戏、电子商务以及金融等代表行业、领域的词，这些词在日常生活中也是经常会提及的。使用行业词取名，能够让观众比较容易理解和接受，并且更方便传播一些，如图8-10所示。

图8-10　含有行业词的名称

（8）突出价值

主播直播的内容对观众来说要具有一定的价值，观众才会关注主播，才会经常来看主播的直播。如果主播的直播内容是教学，观众可以通过观看直播学到相关的知识，这就是直播内容所能体现的价值。

同理，如果主播的名称能体现其直播内容具有一定的价值，当观众看到主播的名称时，便会被吸引，如图8-11所示。

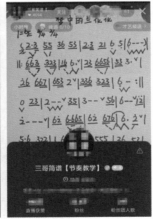

图8-11　有价值体现的名称

当然，教学类的直播为观众带来的是实用价值，像电影类、音乐类以及脱口秀等直播内容能为观众带来的则是精神方面的价值。观众看到带有"脱口秀"或者"搞笑"等词的名称，进入相应直播间，可以在直播间中跟大家一起交流，放松心情，如图8-12所示。

图8-12　有精神价值体现的名称

8.2.5　多使用叠字简单可爱且好记

对于可爱又软萌的女主播们来说，使用带有叠字的名称既容易被观众记住，也符合主播的个人形象，如图8-13所示。

图8-13　带叠字的名称

使用带叠字的名称并不是女主播们的专利，男主播也可以使用带叠字的名称。例如，磊磊，带这个叠字的名称适合襟怀坦荡、性格大气一点的男主播。再如，斌斌，带这个叠字的名称则适合有绅士风度、看上去比较文雅一点的男主播。图8-14所示为带叠字的男主播名称。

图8-14　带叠字的男主播名称

8.3

注意事项：主播取名的那些忌讳

有的名称是不适合直播使用的，主播在了解了什么样的名称能在直播间使用后，还需要了解取名时的忌讳有哪些，才能在取名的时候规避掉。

8.3.1　符号多且长的名称

带符号的名称相信大家都有看到过，用得比较常见的有小红心符号、星星符号以及音乐符号等。

像音乐类的主播，就有将音符符号或者麦克风符号放到名称中，表示自己的直播类型为音乐类，如图8-15所示；还有的主播为了跟其他同类型的主播区分开来，名称中也会带有一两个符号，如图8-16所示。

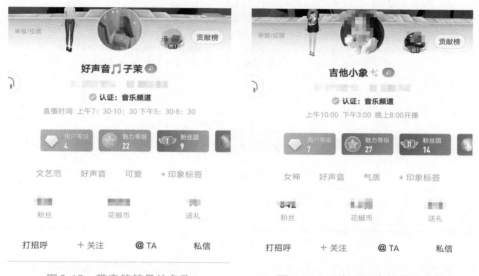

图8-15 带音符符号的名称   图8-16 只有一两个符号的名称

专家提醒

带符号的名称，能不用就不用，这样的名称传播率较低，如果真的跟其他主播重名了，还不如重新取一个名称，如果观众不熟悉主播，即使在名称中加了符号来区别，观众也还是会将主播和其他人弄错，而且加了符号后，名称字数会变长，在直播间会显示不完整。

如果只是一两个符号观众是可以接受的，但要是直播名称中带的是一串符号，就会让观众产生疑惑，可能直接略过该直播间。图8-17所示为符号多且长的名称。

图 8-17　符号多且长的名称

8.3.2　名称不好念且拗口

主播的名称不要出现生疏、冷僻的词，否则相当于是给观众设置阻碍，观众如果觉得你的名称不好念、拗口或者不认识，会拒绝进入该直播间。图 8-18 所示为不好听还拗口的名称。

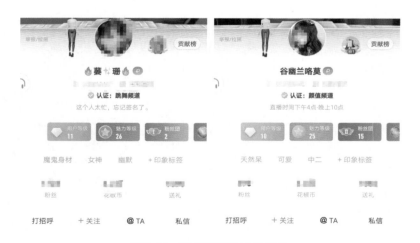

图 8-18　不好听还拗口的名称

一定要记住取名是为了吸引观众的注意，主播取的名称要以好听、易记为主，让观众通过名称认识主播，从而关注主播成为主播的铁杆粉丝。

8.3.3　过于大众化的名称

新手或小主播尽量少用过于大众化的名称，大众化的名称没有什么辨识度，不能引起太多观众的注意，且没有什么突出的特点，容易被人忘记。例如直接取名为××老师、××姐姐、××妹妹以及××哥哥等这样大众化的名称，在各类直播平台中一抓一大把，如图8-19所示。

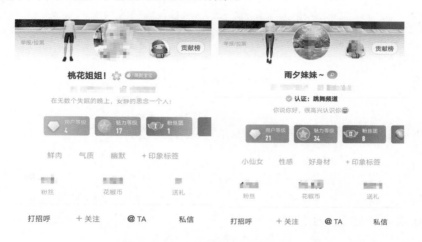

图8-19　过于大众化的名称

名称过于大众化，会显得没有什么亮点，观众从名称上既看不出直播类型是什么，也看不出这些名称有什么价值体现，更看不到什么内涵，这样的名称是不会有太高的关注度的。

8.3.4　尽量不要使用英文

有的主播为了让自己的直播名称显得国际化一些，会在名称中添加英文或者全部都是英文，如图8-20所示。

如果主播在日常生活中取一个英文名字，并不会影响主播的日常生活和交际，但是在直播时，还是尽量不用英文比较好，毕竟还要考虑到观众的感受，很多观众英文并不好。如果主播的直播名称含有英文，对于不认识英文或英文不好的观众来说，无异于是个阻碍，一是很难记住，二是很容易把主播的名称忘了。就算对主播的印象不错，日后想在平台搜索时也不太容易。

图 8-20　带有英文的名称

8.3.5　不要经常更换名称

　　主播的名称不要经常更换，经常更换名称对于新主播、老主播而言都没有什么好处，反而容易流失粉丝量。对于新人主播来说，主播频繁更换直播名称，观众还没有熟悉你，还没来得及记住你，你就把名字改了，那还怎么获取粉丝量，白白地丢失了粉丝。对于老主播来说，名称就是你的个人IP（知识产权），让观众熟悉并记住一个主播的名称是很不容易的，在观众慢慢熟悉主播后，他们会向身边的人推荐主播，将主播的直播名称传播出去。若主播总是更换名称，观众去平台搜索主播原来的名称却搜不到，这个时候主播的粉丝量就会流失。

第9章
个人形象：
让路人都纷纷转粉

主播的个人形象是吸粉的关键。但是，长相是天生的，当先天条件不足以吸引受众注意时，主播可以对自己进行形象塑造，通过妆容、服装以及发型等方面，为自己后天打造一个穿着得体、精神面貌良好的形象，让"路人"纷纷转"粉"。

9.1

学会包装：呈现更加亮眼的自己

在视频直播中包装自己，除了对内要丰富自身素养、对外要展现最好妆容外，还应该在宣传方面实现最美展现，也就是要注意宣传所用的图片和文字。

先从图片方面来看，一般的直播图片用的是主播个人照片，而要想引人注目，则要找准一个完美的角度，更好地把直播主题内容与个人照片相结合，做到相得益彰。

主播的长相是天生的，而主播的宣传图片不同于直播视频，它是可以编辑和修改的。因此，如果主播的自然条件不那么引人注目，可以利用后期软件适当进行美化。例如，"美颜相机"APP就是一个不错的手机自拍应用，可以帮助用户一秒变美，效果非常自然，让照片中的人物肤质更白、更润、更透。

需要注意的是，在宣传和表达自己时不能单纯只靠颜值，美丽只是展示自己、吸引粉丝关注的条件之一，在创造IP（知识产权）时还需要学会配合一些条件，将美貌与才华、正能量等结合在一起，这样才能发展得更长久。

当然，高颜值是相对的。在人的面貌既定的情况下，主播可以从3个方面着手包装自身来增加颜值，即妆容精致、形象整洁得体、精神面貌良好。针对以上提及的3种包装方式，下面一一进行介绍。

9.1.1 妆容精致最能加分

在直播平台上，不管是不是基于增加颜值的需要，化妆都是必需的。另外，主播想要在颜值上加分，那么化妆是一个切实可行的办法。相较于整容这类增加颜值的方法，化妆有着巨大的优势，具体如下。

● 从成本方面来看，化妆这一方式相对来说要低得多。

● 从技术方面来看，化妆所要掌握的技术难度也较低。

● 从后续方面来看，化妆产生后遗症的风险比较小。

但是，主播的妆容也有需要注意的地方，在美妆类直播中，其妆容是为了更好地体现产品效果的，因而需要比较夸张一些。

除美妆类直播之外，在其他直播中，主播的妆容应该考虑受众的观看心理，选择比较容易让人接受的而不是带给人绝对视觉冲击的妆容，这是由直播平台的娱乐性特征决定的。

一般说来，用户选择观看直播，其主要目的是获得精神上的放松，让自己身心愉悦，所以主播的妆容第一要义就是让人赏心悦目，应选择与平台业务相符且能展现主播最好一面的妆容。

当然，主播的妆容还应该考虑其自身的气质和形象，因为化妆本身就应该是为了更好地表现其气质，而不是为了化妆而化妆，去损坏本身的形象气质。

9.1.2 衣着发型也很重要

主播的形象整洁得体，这是从最基本的礼仪出发所提出的要求。除了上面提及的面部妆容外，主播形象的整洁得体还应该从两个方面考虑，一是衣着，二是发型，下面进行具体介绍。从衣着上来说，应该考虑自身条件、相互关系和受众观感这3个方面，具体如图9-1所示。

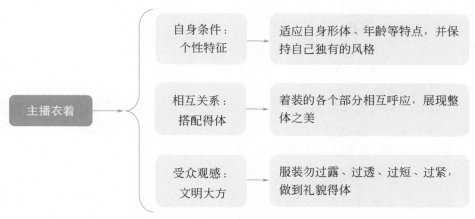

图9-1 主播衣着整洁得体的体现

从发型上来说，主播也应该选择适合自身的发型。对于女主播而言，如马尾，既可体现干练，又能适当的体现俏皮活泼，这是一种比较适用的发型。

9.1.3 精神面貌充分展现

在评价人的时候，有这样的说法：自信、认真的人最美。从这一方面来看，人的颜值在精神面貌方面也是有一定体现的。假如直播平台的主播以积极、乐观的态度来面对受众，充分展现其对生活的信心，也是能加分的。如果主播在直播的时候，以认真、全心投入的态度来完成，那么也能让受众充分感受主播的这一特质，从而欣赏主播敬业的美，并由衷地感到信服。

直播妆容：直播主播的化妆技巧

化妆是绝大部分爱美的人必备的技能之一。适当地化妆能让高颜值的人完美地展现自己的魅力，也能使长得一般的人提高自身的颜值。主播要想吸引更多的受众观看直播，就得学会化妆技巧，提高自己的颜值，所以接下来笔者主要以女主播为例，为新人主播介绍一些常用的化妆技巧。

9.2.1 主播妆容化妆技巧之底妆

经常看到一句话"始于颜值，忠于才华"，很多人追星、喜欢一个人往往跟对方的高颜值有关。

主播要想通过直播吸粉，为自己带来"粉丝经济"效益，必然需要让粉丝看到主播的美，从而更加喜欢自己，那么，一个精致的妆容是必不可少的。想要拥有一个完美持久的底妆主要分为以下几步。

（1）妆前护肤

上妆前，主播可以先用洗面奶清洁皮肤，然后用爽肤水和乳液给皮肤补充水分，使皮肤保持滋润，为化妆做好准备。

（2）选择合适的妆前乳

妆前乳在保湿的同时，还有一定的遮瑕和柔焦毛孔的作用，选择一款适合自己的妆前乳，可以让妆感更加服帖。

（3）用粉底液上妆

大部分的主播都是在室内直播，主播可以根据自己的肤色以及皮肤状况选择一款合适的粉底液，然后选取少量的粉底液涂抹整个脸部，并在额头、脸颊、下巴和鼻翼两侧容易脱妆的地方用粉底刷"少量多次"轻轻拍打上妆，这样不易脱妆。

如果主播是在室外直播，可以在用粉底液上妆前，先用防晒隔离霜涂抹脸部再涂粉底液，还可以使用遮瑕膏将粉刺、雀斑遮盖掉。

（4）用散粉定妆

上完妆后，主播可用散粉进行定妆，注意用刷子轻轻扫过脸部。额头和鼻子是出油较多的地方，因此T区（额头和鼻子的位置）要重点定妆。如果是用定妆喷雾进行定妆，使用喷雾喷完3秒后用纸巾轻轻按压，让底妆效果更加持久。

9.2.2 主播妆容化妆技巧之眼妆

化好底妆后，紧接着就是化眼妆了，不要小看眼部的妆，如果眼妆没化好会影响主播脸部的整体妆感。眼妆主要分为以下几步。

（1）眉形

眉形有很多种款式，包括弯月眉、粗平眉、柳叶眉、欧式眉等，主播可以根据自己的脸型来画出适合自己的眉形。例如，圆脸脸型适合欧式眉，长脸脸型适合粗平眉，方脸脸型适合弯月眉等。图9-2所示为与各类脸型所匹配的眉形。

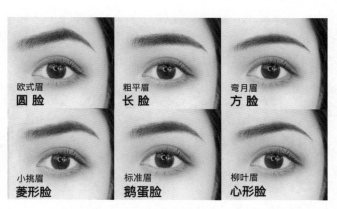

图9-2　与各类脸型所匹配的眉形

（2）眼影

现在很多观众比较喜欢的是偏淡妆妆感的妆容，主播可以选择肤色、米色、粉红色或者橘红色等浅色的眼影刷在眼皮上打底，修饰暗沉、不均的肤色。如果主播不是为了在直播时呈现特殊效果的话，这里笔者不建议化很夸张、色彩浓烈的眼影妆。图9-3所示为比较受大众喜欢的几款眼影妆效果。

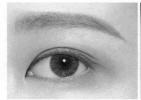

图9-3　眼影妆效果

如果主播有黑眼圈的话，可以在黑眼圈较深的皮肤处涂抹一点遮瑕膏，在眼皮上使用比较贴合眼部肤色的眼影，深色、浅色都行，甚至可以使用一些白色的眼影来修饰，这是化眼妆的技巧之一。

（3）眼线

画眼线前可以在桌子上放面镜子，并将镜子倾斜15度，这样更方便勾画眼线。然后提拉外眼角，勾画外眼角的眼线，眼尾处稍稍挑起，注意画眼线时手不要抖。画内眼角时可以沿着眼角的方向向外部稍稍勾画。

（4）睫毛

如果主播的睫毛浓密又长的话，可以用睫毛夹夹一下上、下睫毛，然后用黑色睫毛膏涂刷上、下睫毛，让睫毛看起来浓密、卷翘即可，如图9-4所示。如果主播的睫毛不是很显眼，可以取一款自然的假睫毛，粘贴在上眼皮靠眼尾的位置，重点突出眼尾的眼妆，如图9-5所示。

图9-4　涂刷睫毛使睫毛浓密、卷翘　　图9-5　将假睫毛粘贴至上眼皮靠眼尾的位置

9.2.3　主播妆容化妆技巧之唇妆

一款好看的唇妆能为整个妆容加分，大家不要以为唇妆只是简单地抹点口红就可以了，其实唇妆也有各种画法，不仅可以打造不同的妆容效果，还可以提升自己的气质。下面向大家介绍几种目前较为流行的唇妆。

（1）咬唇妆

咬唇妆顾名思义就是牙齿轻咬嘴唇而呈现出来的血色感。需要先用遮瑕或粉底将嘴唇原来的颜色遮盖住，在嘴唇内侧涂抹口红，用唇刷向外晕染，令人看上去楚楚可怜，很受年纪小的女生喜欢，效果如图9-6所示。

（2）吻唇妆

吻唇妆最先出现在一场秋冬时装秀的秀场模特身上，其妆感很像与人亲吻后，口红被蹭出唇线外的样子，比较适合大气、御姐范的女生。化这个妆时，先用口红正常涂抹嘴唇，然后用唇刷或棉签沿唇线向外均匀晕染，使唇线模糊即可，效果如图9-7所示。

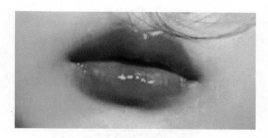

图9-6　咬唇妆的效果　　　　　　　　图9-7　吻唇妆的效果

（3）花瓣唇

花瓣唇的妆感看上去有点像咬唇妆，同样是将口红由嘴唇内侧向外晕染，不同的是咬唇妆的唇线比较模糊，而花瓣唇的唇线和唇部轮廓较为明显，双唇水润饱满，像花瓣一样娇艳欲滴，适合嘴唇丰满的女生，效果如图9-8所示。

（4）微笑唇

微笑唇很适合性格爽朗、外表甜美可人的女生，就算是面无表情看上去也像是在微笑，给人的感觉是有亲和力、比较容易接近。微笑唇的重点在于嘴角上扬，所以在化妆时，将上嘴角的线条稍微拉长并上挑，就会呈现不错的效果，如图9-9所示。

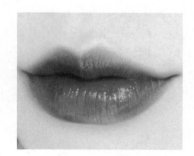

图9-8　花瓣唇的效果　　　　　　　　图9-9　微笑唇的效果

（5）M字唇

M字唇是指上唇上缘、下缘呈M型，这种唇妆适合气场强大的女生。化妆时用唇线笔勾勒出上下唇线，并在唇峰交叉处画一个X，然后将口红涂满，加深唇珠颜色，使唇形更有立体感，突出M字唇的效果，如图9-10所示。

（6）嘟嘟唇

嘟嘟唇非常可爱，妆感水润、粉嘟嘟的，适合走可爱风的主播。化妆时先将嘴唇原来的颜色遮盖住，用润唇膏打底，然后用口红从嘴唇内侧开始涂抹上色，并向外推开，使唇色自然过渡，最后用透明的唇蜜涂抹在嘴唇上即可，效果如图9-11所示。

图9-10　M字唇的效果　　　　　　　　图9-11　嘟嘟唇的效果

9.3
直播穿搭：选择合适的直播装束

俗话说得好："佛靠金装，人靠衣装"。一个人的穿着打扮能体现一个人的整体气质，对于主播来说则更是如此。不同的服装搭配能给人不同的视觉感受，主播可以根据直播的主题和自身的风格来选择合适的直播装束，这样不仅能满足不同受众群体的需求，还能给自己的直播增添丰富的色彩。下面主要以女主播为例，向大家介绍如何选择合适的直播装束。

9.3.1　遵守各平台的着装规定

现如今越来越多的人开始进入直播行业，一个网红的流量甚至可能比明星的流量都大。在直播行业刚兴起的时候，部分主播为了博关注、博流量连透视装、泳装之类的服装都敢穿，直至后来直播平台公布相关行为和着装规范，不允许主播穿着过于暴露，这种现象才开始改善。因此，主播在直播前需要了解该直播平台穿着方面的相关规定并遵守。

9.3.2　要选择"轻量感"衣物

现在大家都习惯在手机上看直播，如果主播穿着比较厚重，会显得很臃肿，显得屏幕窄小，影响观众的视觉体验，给观众一种压迫感。因此，主播在直播前要选择"轻量感"的衣服，使自己看上去体态轻盈，观众看着也会觉得舒适。

9.3.3 上身适当露肤不显古板

看到本节标题，大概很多人都会想，各平台不是明文规定不能穿着暴露吗？怎么还说要"露肤"？这里说的"上身适当露肤"当然不是要主播穿得很暴露，而是可以选择 U 领、方领、V 领以及斜肩等服装款式，如图 9-12 所示。

图 9-12 上身适当露肤的服装款式

主播们大可不必因为平台规定不能穿着暴露，就把自己包得严严实实的，显得古板又不好看。主播可以选择上述款式，大大方方的，既符合平台的着装规定，又能让观众将视线集中到主播身上，更专注于主播在直播时所讲的内容。

9.3.4 选可以遮住腰腹的款式

对于腰腹有赘肉或者腰部曲线线条不够明显的主播来说，选可以遮住腰腹的服装能够弱化主播腰部的存在感，例如直筒型的卫衣、连衣裙或者开衫式的外套，可以遮住腰腹、淡化腰部线条，如图 9-13 所示。

9.3.5 腿长优势可以大胆展示

腿长的女生有着先天性的优势，走在大街上回头率绝对很高，即使是在直播间直播，那也是非常吸睛的。如果你有着又细又长的双腿，这样的长处可以大胆地展示出来，露腿或者露脚踝都可以，主播可以选择短裙、短裤、七分裤以及九分裤等，如图 9-14 所示。

图9-13　可以遮住腰腹的服装款式

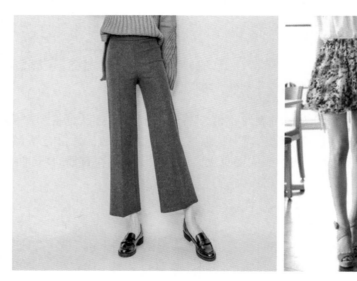

图9-14　显腿长的服装款式

9.3.6　撞色的服装搭配要谨慎

　　撞色是指不同色系色调的颜色搭配在一起，产生强烈的色彩对比或者补色配合。例如白色与红色、黄色与紫色这种搭配就会产生色彩对比；再如红色与绿色、青色与橙色这种搭配就会在视觉上让人觉得互补配合。

　　很多主播都喜欢用撞色的服装搭配，但是撞色的服装也要看直播场景才好搭配。如果主播是在户外进行直播，这种撞色的服装搭配会特别显眼，显得很时尚；如果主播在户内进行直播，撞色的服装搭配就要谨慎些了，因为在户内直播通常会打光、开美颜，鲜亮的色彩再加上亮光就会使画面冲击力过大，长时间观看会让受众产生视觉疲劳。所以，主播在户内直播时，尽量选择杏色、鹅黄、米色、藕粉、灰绿、婴儿蓝以及蜜桃粉等色彩比较柔和的衣服。

9.3.7 配饰上下功夫也能出彩

主播们在搭配服装的时候，千万不要遗漏配饰，要知道直播时镜头主要还是集中在主播上半身的，观众的目光焦点自然也是在主播的上半身上。除了精致的妆容、得体的服装外，主播也可以在配饰上下点功夫，根据自己直播的内容和风格来进行搭配，使用一些自己平时不会佩戴的配饰，例如头巾、丝带、夸张的耳坠以及大项链等，只要搭配得当，也能让主播出彩。图9-15所示为搭配加分的配饰效果。

图9-15 搭配加分的配饰效果

第 10 章
人设魅力：
快速成为网红大咖

在直播这个行业里，每天都有无数的主播加入、诞生，打开直播网站，可以看见各种风格的主播。如果你想在有着众多主播的直播平台里，成为有识别度、有知名度的主播，并不简单。本章通过讲解"人物设定"这个概念，让主播们学会利用"人设"来增加个人魅力，形成形象记忆点和话题性，让自己的直播之路更加顺利。

10.1
树立人设：用人设抓住粉丝的心

人设，指人物设定。从字面上可以知晓其含义，就是对人物形象的设定。"人设"一词最开始出现在动漫、影视中，主要为了给特定的对象设定其人物性格、外在形象、造型特征等。图10-1所示为动漫角色设定绘图，通常需要绘制人物不同角度的正面、侧面以及背面的三面效果。

图 10-1　动漫角色的人物设定

在现在的社会上，"人设"这个词开始不断地出现在公众视线内，它也成为人际交往中一直被提及的一个概念。在日常生活中，人设的传播效果在一定程度上，开始影响现实中的人际交往关系。图 10-2 所示为人际交往中的部分人物设定类型。

图 10-2　人物设定类型

人设经营以及对人设崩塌的应对，开始成为我们人际交往中必须要思考的问题。现在，"人设"的用途有了更广的范围，它不再只是单纯地用在动漫上面，渐渐地开始在现实生活中随处可见。

"人设"的作用和功能也开始显现，在娱乐圈里，"人设"已经是一种最常见的包装、营销手段，通常会为艺人贴上某一种或多种人设标签。

这些本就和艺人实际情况相符的人设，给予了他们鲜明的识别度和认知度，不断地加深他们的形象风格，扩大他们的影响力。当然，演艺圈里更多的是根据观众的需要，主动去贴合观众和粉丝的喜好，从而创造出某种人设。

这是因为艺人们可以通过创造人设丰富自己的形象，利用这些人设让观众对自己产生深刻的印象，加深记忆，从而保证自己的"流量"时刻排在前端位置，也就是大众口中的"流量小生""流量小花"。

直播主播们，和明星艺人类似，都是粉丝簇拥的公众人物，在某种程度上，需要依附这些粉丝的关注和追随，更好地展现出自己的形象，以便拓宽自己的影响力。

这也表明，想要在直播行业中表现得好一点，主播也需要树立自己的"人设"，因为只有通过准确的人物设定形象，才可能有观众发现、了解你，才有机会在众多主播中脱颖而出，吸引更多的粉丝来关注。

一些没有树立起鲜明人物形象的主播，和那些有自己人设标签的主播相比，会显得缺乏形象记忆点。这就是为什么在直播间里，能创造出高销售额的主播不止一个，但是大家能说出名字的却没有几个。

大家可以初步认识到，人设的力量是巨大的，人设的影响力也是无形的。所以，大家需要明白，成为主播后，首先要树立好自己的人设，这在后续的吸粉、引流中起着重要作用。主播更需要学会运用人设，抓住粉丝的目光和兴趣，从而更好地在直播的道路上迈向成功。

10.2
了解人设：用人设定制个人标签

在日常生活和人际交往中，"人设"已经无时无刻不体现在每一个人的行为举止里面，只是对于普通人来说，这些人物设定类型比较接地气，更具大众性，但是它的实质以及目的，都是在突显个人的特点，以形成个人的特色。

"人设"即通过把自己的个人形象鲜明地展现在公众面前，从而获得关注或者标签。例如，有人想体现出自己好学的一面，便会有意无意地向周围人透漏自己最近在看书，或者看了什么书的消息，或者把自己在看书的照片发在社交网站上，从而获得关注，得到"他真的很好学"的印象标签。

通过这种方式来给他人留下好的印象，就可以说此人是在树立自己的人设。在树立"好学"的人物设定中，通过日常生活中表现的各种行为，不断地加强这种人设的印记，以此让其他人感觉他是非常好学的，可以无形中增加自己的个人魅力。

同时，"人设"的树立，对于提高、加深他人对自身形象的好感度、认知度起着非常重要的作用。对角色进行一定的人物设定，可以使得角色形象更加鲜明突出、有特色。

美国社会学家E.戈夫曼曾经说过："在若干人相聚的场合，人的身体并不仅仅是物理意义上的工具，而是能作为传播媒体发挥作用。"

人际传播是一种真正的高质量传播活动，这取决于它的传播方式多样、渠道广泛、方法灵活多变，是真正的多媒体传播，使营造的信息可以迅速地传达出去。

我们可以知道，如果某人喜欢说话，并且热衷于谈话艺术，只要他适当地展现出来，进行一点点的自我宣传，那么他的形象就会被人冠以"能言善道"等类似的人设标签，他完全可以通过这种方式，塑造出自己想要的人设标签。

相反，如果一个人既不重视自己的谈话技巧，也不重视自己的外在形象，那么在与人交流沟通的时候，他在别人面前的表现，也会让他得到标签，只不过标签是负面的。当然，这也算是完成了自己人设的塑造，只是得到的人设标签，却不见得被大多数人喜欢。

由此可知，在当今社会人设相当于个人的标签，主播们完全可以通过发现、创造自己的人设形象，从而拥有自己的特色标签。在很多时候，人物可以塑造人设，而人设可以成就人物。

10.2.1 人设可以提高用户形象认知度

通过依靠设定好的人物性格、特征，也就是"卖人设"，可以迅速吸粉，吸引更多的潜在用户来关注你。毕竟粉丝就是经济力，通过塑造出迎合大众喜欢的人设，把自己的人设形象维持住，就能带来一定的收益。

就像在娱乐圈里，很多艺人都在积极地塑造自己的人设，当大家提到某一个明星的时候，总会在脑海里出现对应的人设标签，而这些标签，并不是随随便便就贴上的。

　　甚至，越来越多的品牌也开始不断树立、巩固、加强自身形象的"人设"，使品牌的知名度大幅度增长，勾起无数粉丝的购买欲望，并且这些粉丝还会自发地对品牌进行二次传播、推广。

　　例如，某面膜的"鲜补水""保湿"标签，某矿泉水的"我们只是大自然的搬运工""天然水"标签，都给品牌聚集了一大批粉丝来产生购物消费。图10-3所示为两个品牌的"人设"形象展示。

某面膜"鲜补水"标签　　　　　　　　某矿泉水"天然水"标签

图10-3　品牌的形象设定

　　这些标签的最终目的，就是希望观众可以对他们产生更具体的印象，让观众对他们的产品更加有形象记忆点，以此获得更多的关注度。

　　总而言之，不管是人物的"人设"，还是品牌的"人设"，原因和目的都是一样的。对于主播来说也是如此，拥有鲜明的"人设"，就可以最大化地展示个人形象。

10.2.2　经营人设增加人设的可信度

　　对于主播来说，不仅仅要确定好自己的人设，更要学会如何去经营这份人设，这样才可以保证自身树立的人设，能够得到广泛的传播，达到自己想要的目的。

　　"人设"的运营是需要用心去做的事情，只有这样才能使自己的"人设"成功树立起来。图10-4所示为人设运营的4大要点。

```
                        ┌─ 选择：选择符合本身性格、气质的相关人设

                        ├─ 活动：进行符合人设的具体活动是关键步骤
  ┌─────────┐
  │ 人设运营的 │ ───────┤
  │   要点   │          ├─ 反馈：重视他人对自身人设的反馈，及时调整
  └─────────┘
                        └─ 开发：多方面的"人设"，使人物形象更丰富
```

图 10-4　人设运营的要点

（1）选择符合本身性格、气质的相关人设

对于人设的选择，最好是根据自己的实际情况来挑选，这样才能起到较好的传播效果，如果人设和自身的真实性格差别较大，很容易导致传播效果出现偏离，误导接收信息的人。

此外，树立的人设和自己的性格如果相差太大，也容易出现人设崩塌。图10-5所示为人设和自身风格相符的形象图，照片中的主播形象温婉，为其树立"温柔""知性"的人物设定，就会非常有说服力。

图 10-5　人设和自身风格应相符合

（2）进行符合人设的具体行动是关键步骤

实际的行动永远比口头上说一百次的效果有力得多，向外界树立起自己的人设后，做一些符合自身人设的实际行动，这样他人才会相信，这也是人设运营中的基础和关键之处。

（3）重视他人对自身人设的反馈，及时调整

人设的传播最直接的体现在于他人对于该人设的反馈情况，所以主播可以通过身边的工作人员和朋友，了解他们对自身"人设"的反应。这样主播可以及时对自身人设进行一些合理的改进和调整，尤其需要与时俱进地更新人设形象，使它更加符合大众想看到的模样。

（4）开发多方面的"人设"，使人物形象更丰富

单一的人设虽然安全，在运营上也比较轻松，但是这可能会使得人物形象过于单调、片面，毕竟一个人的性格本身就是多样化的。开发、树立多面的人物设定，可以丰富人物形象的饱满度，使自己的形象更加有血有肉，增加自身形象的真实感。

此外，不同的人设，可以吸引到不同属性的粉丝和观众，也可以满足粉丝和观众的好奇心、探究欲，让他们更加想了解你。

这种多面人物设定，既有利于增加自身形象的深度，也能保持粉丝对自己形象的新鲜感。例如，人物角色的两种反差设定，可以使人物形象更加丰富、立体，从而使自己的形象更加出色。图10-6所示为主播的两种人设风格，一种轻熟风、一种淑女风，不仅适应不同服装风格，也让自己形象更丰富。

图10-6　两种不同人设形象风格

但是，读者需要注意的是，主播在树立多种人设形象时，这些人设的风格、类型最好不要相差太大，否则人设和人设之间就会显得自相矛盾，不真实。

10.2.3　用好"第一印象"塑造成功形象

第一印象，这个词大家都不陌生，大家常常会说起的话就是：当时对谁谁的第一印象怎么样，后来发现怎么样。

"第一印象"往往起着关键作用，例如成语中的"一见如故""一见钟情"，它们都是在"第一印象"的作用下产生的一系列行为和心理反应。

在人设运营中，"第一印象"自然也就有着重要的作用，这是非常重要的一点。下文将向各位读者介绍一下关于"第一印象"的知识，从而帮助读者不管是在自己的主播形象的打造上，还是在日常生活的人际交往中，都可以利用第一印象，帮助自己树立起良好的个人形象。

第一印象是光圈效应的铺垫，同时也是运营人设过程中的一个重要环节，它的重要性可见一斑。而非常幸运的是，第一印象，是能够人为经营和设计的。

这表示，主播可以通过人为制定自己的内外形象、风格等来塑造自己给他人带来的第一印象，从而树立成功的"人设"形象。

第一印象的形成，对于之后在人际交流中获得的信息有着一定程度的固定作用。这是由于人们总是愿意以第一印象作为基础、背景，然后在这个基础上，去看待、判断之后接受的一系列信息，这种行为会让人产生并形成固定的印象。

例如，赵雅芝在电视剧里饰演的白娘子角色，在很多人心里，她永远都是温柔、典雅以及善良的形象；通过《还珠格格》一炮而红的演员，到现在大部分观众对于他们的形象，都保持着固定的感受和记忆。同时，娱乐圈里艺人的转型困难，原因就是在于此。

10.3

打造人设：定义全新主播形象

对于大众来说，对于陌生人的初次印象往往是不够突出、具体的，而且还存在一定的差异性。大部分人对陌生人的印象，基本处于一个模糊的状态。

所以，个人完全可以通过人设经营的操作，改变之前给他人留下的形象记忆。可以通过改变人物的发型，塑造出和原先不同的视觉效果，使观众产生新的人物形象记忆，从而利于"人设"的改变，如图10-7所示。

在人际交往之中，通过利用主观和客观的信息来塑造人设，从而达到预期的传播效果，是"人设经营"的根本目的。人设经营，可以说是在他人看法、态度和意见的总结之上，对个人表现出的形象气质等进行不断调整和改进。

图 10-7　通过改变发型来改变个人形象

学会打造独特的人物设定，可以使主播拥有与众不同且新颖的点，在人群中脱颖而出。此外，传播效果会直接决定人设经营是否成功。

10.3.1　确定人设类型树立主播的形象

确定自己的人设类型是否合适、恰当，关键在于主播考虑的方向，是否满足了自身所面向的群体需求，因为"人设"的出现，在一定程度上就是为了配合观众的需求。

"人设"可以迎合受众的移情心理，从而增强受众群体对人设的认同感，这样才可以让用户愿意去了解、关注主播，所以在设定人设形象时，确定好人设的类型是关键。

现在市场上，出现各种各样的人设标签类型，一些经典的人设类型有女王、酷帅、冷面、萌妹子、天然呆、天然萌等。

选择直播行业里比较流行的人设风格，对于主播来说，它是可以快速引起用户的兴趣，刺激他们点击欲望的有效方式。图10-8所示为直播中"女王"和"酷帅"人设的主播形象。

需要格外注意的是，主播在塑造自己的人设时，人设最好以自己本身的性格为核心，这样便于之后的人设经营，同时也能增加粉丝对于人设的信任度。确定好人设类型后，进一步考虑一下，自己的"人设"是否独特别致。

对于想从事直播行业的新人主播来说，前面已经有一批成熟的主播，这时主播想尽早突出自己，需要耗费一定的精力和时间。

图10-8 "女王"和"酷帅"人设的主播形象

主播可以考虑在那些还没有人使用或较少有人使用的人设类型里，找到最适合自己的人设标签，继而创造出自己独一无二的人设。虽然找起来有点困难，但是对于新人主播来说，找到之后完全可以利用这个鲜明独特的人设，树立起自己别致的主播形象。

10.3.2 找到精准的人设提升人格魅力

一个优秀的主播一定是有其独特的人格魅力的，而大部分主播的人格魅力都是通过主播对自己人设的设置和定义来塑造的。

一个精准的人设，可以最大化地拓展粉丝受众面，吸引感兴趣的粉丝，只要观众愿意了解，就能成为粉丝或者潜在粉丝，实现主播自身影响力最大化的传播。

精准的人设，可以让观众、粉丝凭借一个关键词、一句话，就能第一个想到与其相关的具体人物，主播可凭此让观众、粉丝牢牢地记住自己。找到自己精准的人设风格，让自己成为这类人设类型里的红人。同时主播的人设一定要有印象记忆点，没有印象记忆点的人设不能算是成功的人设。

10.3.3 设定标签可以增加直播搜索度

一个人一旦有影响力，就会被所关注的人贴上一些标签，这些标签可以组合成一个虚拟的"人"。当提到某个标签时，就可能想起某人，但这个想到，并非只是想到一个单纯的名字，而是某人带给他的印象，比如严谨、活泼和可爱等。

主播可以试着把这些人设标签在主播名称或直播标题中显示出来。一旦有人在直播框中搜索相关的标签，都有可能搜索到自己，如图10-9所示。

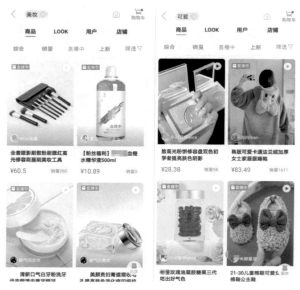

图10-9　搜索关键词后出现的主播直播间

人设标签：助你脱颖而出

人设标签的一个关键作用就是区分，所以当主播在选择自己人设的时候，必须要和其他主播人设区分开来，免得流失粉丝。

为了避免出现同年龄、同类型的主播人数太多，无法有效突出自己的人设形象，主播在选择人设形象时，要选择便于用户搜索和区分的人设。

本节将向各位读者介绍几款主播人设类型，帮助读者了解不同人设的特点、风格，从而更快地寻找到有特色的人设标签。

10.4.1　差异化是人设的基本策略

主播的人设类型多样，主播正是通过细分人设这种方式，减轻相互之间的竞争程度。对于主播来说，人设就代表着自身的形象魅力和特色。

主播只要把设定出的形象，不断地向用户、粉丝进行展示和强化，自然就可以给他们留下独特深刻的印象。所以，塑造人设的基本策略就是差异化，人设类型一定要可以让粉丝鲜明地区分出来。图10-10所示为两种不同人设形象的主播风格展示。

图 10-10　不同的主播人设风格

10.4.2　人美声甜的"邻家小妹"风

"邻家小妹"人设风格的主播，一般外形很可爱、声音很好听，给人的感觉是比较活泼可爱，外表是邻家小妹的风格，非常受欢迎。如果从事男装直播销售，这种人设更加能够吸引粉丝关注。

这类主播在塑造自己的人设时，大致有两种表现方法，一类主播会在直播时，通过发型、饰品上的修饰来巩固自己的人设，例如帽子、发带这种简单的饰品就可以体现出自身的人设风格，如图10-11所示。

另一类主播展现自身人设形象的方式就简单一些。由于她们本身的形象就非常贴近邻家风格，所以在直播的时候，简单的马尾、丸子头就可以体现出自身的人设形象，在直播间推荐的服饰风格，通常也都是偏休闲简约的风格，如图10-12所示。

图 10-11　主播主动贴合人设形象

图 10-12　主播自身形象贴合人设

10.4.3　形象和外表反差的"男友"形象

　　部分女主播选择"男友风"人设，这种人设表现为外表是美丽的女性，而表现出来的肢体语言非常的简洁、帅气，有"男友"风格，这类主播在直播间的穿着一般就比较干练、中性。

这种具有反差性的人设，不仅非常吸引男性用户的关注，还吸引女性用户的追随，因为可以满足她们希望被人保护的心理。图10-13所示为"男友风"人设的主播形象。

图10-13 "男友风"人设的形象气质

10.4.4 "大姐姐"的定位让你更专业

现在的直播用户，以女性用户居多，主播要学会抓住她们的兴趣和目光，获得她们的信任以及追随。这种拥有大量时间去观看直播的女性用户，通常不仅拥有强烈的购买需求，而且具备一定的购买能力。

这类女性群体一般可以分为两大类，具体分析如图10-14所示。

女性用户群体类型 → 学生：想学习更多的护肤、化妆和服饰搭配技巧

宝妈：想学习更多的育儿、产后修复和护理肌肤技巧

图10-14 观看直播的女性用户类型

这两类人群都对技巧非常渴望，她们希望遇到一个专业的人来带领她们，也就是"大姐姐"人设，来解决她们的疑惑，满足她们的心理需求，让她们可

以放心购买商品。

通过直播这一途径，她们可以看得到商品，当商品的价格低于实体店铺出售的价格时，由于主播"大姐姐"人设营造的专业形象，很容易增加受众的信任感，从而收获一批粉丝。图10-15所示为"大姐姐"人设的主播形象。

图 10-15 "大姐姐"定位的主播人设风格

10.4.5 让人轻松记住的"明星脸"

"明星脸"这种主播人设非常有识别度，它是借助明星的知名度，让自己得到大量的关注。一般某位主播的模样和某位明星、公众人物相似的话，他在树立自己的人设时可以直接在明星名字的前面加一个"小"字，以便引起用户的注意。

对于主播来说，如果自己和某位明星或者公众人物的外表相似，新闻媒体可能会主动对这种情况进行报道，引发网友的关注。这类标签让主播有一定的曝光率，从而获得粉丝关注。